SHAKSPERE-STUDIEN

VON

VINCENT FRANZ JANSSEN.

I.

DIE PROSA IN SHAKSPERES DRAMEN

ERSTER TEIL.

STRASSBURG.
KARL J. TRÜBNER.
1897.

DIE

PROSA IN SHAKSPERES DRAMEN

VON

VINCENT FRANZ JANSSEN.

ERSTER TEIL:

ANWENDUNG.

STRASSBURG.
KARL J. TRÜBNER.
1897.

G. Otto's Hof-Buchdruckerei in Darmstadt.

DEM ANDENKEN

BERNHARD TEN BRINKS.

VORWORT.

Die vorliegende Arbeit verfolgt einen doppelten Zweck: einmal will sie eine bisher nur oberflächlich betrachtete Seite der Shakspere'schen Kunst in ihrem Wesen und ihrer Entwicklung beleuchten; sodann will sie ein neues Mittel zur Textkritik an die Hand geben, speziell zur Feststellung der Originalfassung an metrisch zweifelhaften Stellen, zur Scheidung älterer und jüngerer Teile in Umarbeitungen und zur Erkenntnis unechter Fassungen in echten Stücken.

Wir untersuchen zuerst die Anwendung der Prosa, später den Stil. Delius schlägt im Jahrb. d. deutsch. Sh.-Ges. V 227 ff. den umgekehrten Weg ein. An diesem liegt eine Klippe, die einseitige Betrachtung aus dem Zusammenhang gerissener Stellen aus rein äusserlichen Gesichtspunkten: daran ist Delius' Versuch gescheitert. Man kann die Anwendung der Prosa nur begreifen, wenn man die prosaischen Partien im Zusammenhang des Ganzen studiert, d. h. wenn man sie mit dem Vers zusammenhält. Delius lässt den Vers fast ganz beiseite und ist daher nicht in der Lage, in einer Reihe von Einzelfällen den richtigen Aufschluss, geschweige denn eine Gesamtvorstellung von dem Shakspere'schen Prosagebrauch zu geben.

Seine Bemerkungen über die verschiedenen Stilarten bedürfen auch der Berichtigung und Ergänzung; eine detaillierte Charakteristik lag nicht in seinem Plan.

Sharpe fertigt in den Transactions XXIV (1885) eine Zusammenstellung der Personen an, die in Prosa reden, und sucht auf diesem Wege einzudringen, natürlich vergebens.

Bei solchem Stand der Dinge ist es nicht zu verwundern, wenn selbst unsere hervorragendsten Shakspere-Herausgeber bei der Beurteilung zweifelhafter Fassungen fehlgehen und an zweifellos unechten Fassungen nicht den geringsten Anstoss nehmen.

Den Grundstein zu dieser Arbeit hat ten Brink gelegt. Nachdem sie jahrelang geruht, ist der vorliegende erste Teil unter der anregenden Teilnahme der Herren Proff. Brandl und Wetz zu Ende geführt. Ihnen beiden spreche ich auch hier meinen herzlichsten Dank aus.

Eine eingehende Darstellung der verschiedenen Stilarten folgt demnächst.

Kiel, den 7. August 1897.

Vincent Franz Janssen.

INHALT.

KONJEKTUREN-INDEX.

ERSTES KAPITEL.

ALLGEMEINE CHARAKTERISTIK DES PROSA-GEBRAUCHES.

Wenn man bei Shakspere – mit Ausschluss der Clowngespräche — Prosa und Vers zusammenhält, stellt sich heraus, dass weder der Inhalt einer Rede an sich noch die Persönlichkeit des Redenden an sich, sondern einzig und allein die Stimmung, in welcher die Rede gehalten wird, die Abfassung derselben in Prosa oder im Blankvers bedingt. Witz, Grobheit, Roheit, Frivolität, Cynismus [1] kommen im Verse so gut zum Ausdruck wie in Prosa, ich verweise nur auf die lächerlichen Reden der Bürger in Caes. III 2, 71 ff., auf die Glossen des Enobarbus in Ant. III 2, 52 ff. und des Antonio in Temp. V 1, 265, auf Hotspurs derben Sarkasmus in H 4 A III 1, 68 ff. und 159 ff., auf die masslosen Ausdrücke, die Coriolan III 3, 120 ff. dem Volke gegenüber gebraucht, auf die rohen Worte der Gefangenwärter in Cymb. V 4, 1 ff., auf Lucios frivole Ansprache an Isabella in Meas. I 4, 27 ff. und auf Jagos cynische Rede in Oth. I 1, 88 f., sämtlich im Blankvers. Ebensowenig ist der an sich völlig unpoetische, „rein sachliche" [2] Inhalt einer Rede, wie die Darstellung des salischen Erbrechts durch Canterbury in H 5 I 2, 33 ff., die ziffer-

[1] Ein „anständiger Blankvers" (Delius S. 262 u. ö.) ist ein Unding.

[2] Ein oft von Delius zur Charakteristik des Prosagebrauchs angewandter Ausdruck!

mässige Abrechnung zwischen dem König und der französischen Prinzessin in L. L. L. II 1, 129 ff., die Anordnungen zur Hochzeitsmahlzeit in Rom. IV 4 oder die realistische Beschreibung des höfischen und bürgerlichen Lebens durch Jaques in As II 7, 36 ff., ein Hindernis für die Abfassung im Blankvers. Anderseits finden wir nicht selten Reden, in denen poetische Anschauung und Pathos zum Ausdruck kommen, Schilderungen, Äusserungen der Liebe, des Hasses, der Trauer, in Prosa, so die bekannten Worte Hamlets: „What a piece of work is a man! . . .“ (II 2, 315 ff.), die gefühlvolle Darstellung der Gentlemen von der Heimkehr der Perdita und der Versöhnung zwischen den beiden Königen in Wint. V 2, die warm empfundenen Reden der Volumnia in Cor. I 3, 1 ff. (Mutterstolz), des Sebastian in Tw. II 1, 16 ff. (Bruderliebe), der Rosalind in As IV 1, 210 ff. (Mädchenliebe) und des Oliver in As I, 1, 31 ff. (Bruderhass). Endlich kommen Reden, welche die Handlung unmittelbar berühren, in prosaischer Fassung vor, ich erinnere z. B. an die Scene, in welcher Othello mit der Führung im bevorstehenden Kriege betraut wird (I 3, 221 ff.), an den Abschied Cornwalls von Edmund und Goneril in Lear III 7, 1 ff., an die Gespräche zwischen Jago und Roderigo in Oth. I 3, II 1 und IV 2, zwischen Oliver und Charles in As I 1 und zwischen Don John und seinen Kumpanen in Ado I 3, 48 ff. u. ö.

Niedrigstehende, wie Diener, Soldaten, Matrosen, Schäfer und die römischen Plebejer, sprechen gelegentlich im Blankvers, Hochstehende bedienen sich nicht selten der Prosa: „Stellung und Gesittung“[1] spielen gar keine Rolle.

Es kommt alles auf die Situation, auf die Stimmung an, in welcher die Reden vorgetragen werden. Wenn die Stimmung gehoben ist, wenn ein leidenschaftliches Gefühl im Vordergrund steht und zu freiem, kräftigem Ausdruck gelangt, so steht Blankvers; wenn die Stimmung nüchtern ist, wenn der Verstand über-

[1] Vgl. Delius zu Temp. I 1: „der ihrer Stellung und Gesittung entsprechende Blankvers“ (S. 252). So spricht er bei Matrosen, Soldaten u. s. w. von „standesgemässer“ Prosa!

wiegt,[1] wenn das leidenschaftliche Gefühl zurückweicht, unterdrückt wird oder das Mass überschreitet, so steht Prosa.

Die Stimmung kann unter der Einwirkung der Musik, der Natur (auch der kindlichen) u. dgl. gehoben sein, wie in Ado II 3, 39 ff., Merch. V 1, 69 ff. (Musik), Rich. 2 III 4, 29 ff. (Gärtner), II 6 C III 1 (Jäger), Wint. II 1, 2 ff. und Macb. IV 2, 30 ff. (kindliche Naïvetät). Von solchen Scenen abgesehen, bedeutet der Blankvers stets Handlung, Fortschritt (Kampf), die Prosa Stillstand, Ruhe (Zuwarten).

Die Prosa findet sich dementsprechend in folgenden Fällen:

1) in rein witziger Stimmung,
2) in humoristischer Stimmung,
3) bei pathetischen Schilderungen und Reflexionen, welche von Nebenpersonen unter sich oder zwischen Hauptpersonen und unbeteiligten Nebenpersonen ausgetauscht werden,
4) bei rein formellen Ansprachen,
5) bei verstandesmässigen Reden nüchtern gestimmter Personen,
6) beim Sarkasmus,
7) beim Stumpfsinn (Apathie, gelegentlich mit Ekel gemischt),
8) beim Wahnsinn,
9) beim Uebermass der Leidenschaft (trance, madness),
10) bei Reden — meist Botschaften —, die nur technischen Zwecken (Scenenwechsel, Gesprächswechsel) dienen,
11) bei Verlesung von Schriftstücken,
12) bei der Schulmeisterei.

Fassen wir diese Fälle näher in's Auge.

1. Die Witzprosa wird von Gebildeten und Ungebildeten

---

[1] Wie bei Don John in Ado und Oliver in As fast durchweg. Die Nüchternheit haftet ihnen an wie Falstaff und den Clowns.

gesprochen. Sie ist die alleinige Redeform bei den Clowns[1] und den clownartigen Personen aus dem Volke, d. h. bei solchen, die ausschliesslich zur Belustigung dienen. Hierzu gehören natürlich nicht die römischen Plebejer, auch nicht Soldaten, Gefangenaufseher, Schiffer od. dgl. Diese alle reden, wenn sie mit der Handlung in direkte Berührung kommen und daran ernstlich Teil nehmen, im Blankvers, so die Soldaten in Ant. IV 3 und Cor. V 2, die Gefängniswärter in Cymb. V 4, 1 ff. und Wint. II 2 und die Seeleute in Temp. V 1, 221 ff., Wint. III 3 und Oth. I 3.

Bei den Gebildeten muss man zwischen dem „reinen Witz“ (in Prosa) und dem „Scherz mit ernstem Hintergrund“ (im Blankvers) unterscheiden. Der erstere berührt das Aeussere der Dinge, das Unwesentliche, der letztere das Innere, das Wesentliche. Rein witzig sind die Glossen des Sebastian und Antonio in Temp. II 1, 12 ff., des Nestor in Troil. II 3, 98 ff. und 171, auch 219 ff., des Enobarbus in Ant. II 1, 65 f. und 103 ff.[2]; tiefere Bedeutung haben die scherzhaften Bemerkungen derselben Männer in Temp. V 1, 264 ff. (gehobene Stimmung), Troil. II 3, 210 (Triumph) und Ant. III 2, 51 ff. (Freundschaft, Politik)[3].

Wenn Gebildete sich mit Clowns unterhalten, giebt die nüchterne Stimmung der Letzteren gewöhnlich den Ton an. So reden nicht nur Lear und Hamlet mit den Clowns, auf ihre Bemerkungen eingehend, in Prosa, sondern auch Cassio und Desdemona tragen dem Clown (III 1 und III 4) ihre Anliegen in Prosa vor. Cleopatra scheint allerdings von den Spässen des Erlösung bringenden Bauern kaum berührt zu werden.

Die Witzprosa findet sich in Einzelbemerkungen (Glossen), in Debatten und in Erzählungen. Hierher rechnen wir auch die Falstaff'sche Prosa, weil Falstaff kein Held, sondern

[1] Nur bei dem Clown in Wint. IV 4 findet sich einmal echtes Pathos.

[2] Ähnlich Oth. IV 3, 71 ff. (Emilia).

[3] Vgl. noch Tit. IV 2, 62 und 73.

höherer Clown ist und seine Reden eine rein lächerliche Bedeutung haben.

2. Die „humoristische Prosa" setzt ein leidenschaftliches Empfinden voraus, welches vor der eigenen Kritik [1] in den Hintergrund gewichen ist. Dieser „höhere" Humor wird stets in Prosa zum Ausdruck gebracht, wenn er im Vordergrund steht und die Stimmung beherrscht, so in Cor. II 1, 107 ff. (Menenius gegenüber den Frauen), in H5 V 2, 104 ff. (der König gegenüber der französischen Prinzessin), in Lear I 4, 11 ff. (Kent als Diener) und in den Reden der Rosalind (As), der Beatrice und des Benedick (Ado) fast durchweg. In leidenschaftlich bewegten Scenen hingegen erhält der Humor eine pathetische Beimischung und erscheint im Blankvers, z. B. bei Menenius in derselben Scene 200 ff., bei Benedick Ado V 4, 20 ff. und bei Enobarbus Ant. II 6, 73 ff.

Die Monologe der Humoristen sind metrisch oder unmetrisch, je nachdem das tiefere Gefühl zum unmittelbaren Ausdruck gelangt oder eine nüchtern-humoristische Betrachtungsweise vorherrscht. Vgl. die Monologe, die Benedick (Ado II 3, 228 ff.) und Beatrice (III 1, 107 ff.) in gleicher Situation halten.

3. Wenden wir uns der ernsten Rede zu, so kommen zunächst die pathetischen Gespräche beschaulichen Charakters in Betracht. Entweder sind beide redenden Personen uninteressirt, oder doch eine derselben ist völlig unbeteiligt und passiv, so dass eine leidenschaftliche Auseinandersetzung nicht entsteht. Ersteres ist der Fall in Wint. V 2, All's IV 3, Meas. III 2, 244 ff. und in den Eingangsscenen (I 1) zu All's, Lear und Wint., ferner in den Unterredungen, welche Fragen von allgemeiner, nicht persönlicher Bedeutung [2] zum Gegenstande haben, wie Meas. III 2, 235 ff. und Cymb. I 4, 58 ff.; letzteres findet sich in As I 1 (Adam passiv im Gegensatz zu II 3) und in Tw. II 1 (der Capitän passiv im Gegensatz

---

[1] „Vor der ästhetischen Anschauung" sagt ten Brink, vgl. S. 125 in seinen Shakspere-Vorlesungen.

[2] Nur scheinbar allgemein ist die Bedeutung von Troil. III 3, 102 ff., As II 7, 139 ff. u. ä.

zu III 3). Hierher können auch die Scenen gestellt werden, in denen Väter oder Mütter über die Liebesangelegenheiten ihrer Kinder Mitteilungen empfangen, welche sie nicht in Wallung versetzen, sei es, dass dieselben nichts wesentlich Neues enthalten (so in All's I 3, 102 ff. und Wint. III 2, 28 ff.), oder dass sie noch der Bestätigung bedürfen (Ado I 2, 4 ff.)

4. Rein formelle Ansprachen, d. h. solche, welche ohne Erregung vorgebracht werden und keinen Bestandteil leidenschaftlicher Verhandlungen bilden, sind die höflichen Begrüssungen zwischen Personen, die sich gleichgültig gegenüberstehen, wie Leonato und Don Pedro in Ado I 1, 96, Bertram und Helena in All's I 1, 84 ff., Menas und Enobarbus in Ant. II 6, 85 ff. und der Römer und der Volsker in Cor. IV 3, 1 ff., ferner die Kundmachungen, die sich auf bereits bekannte Dinge beziehen, die mithin weder beim Redenden noch beim Angeredeten Erregung hervorrufen, wie diejenigen des Exeter in H5 II 2, 145 ff. und des „Officer" in Wint. III 2, 9 f.[1] Anders die Proklamationen des Herolds in Lear V 3, 119 ff. und des Marschalls in R2 I 3, 11 ff., welche die Verhandlung vor dem Zweikampf persönlich leiten (vgl. den Officer in Wint. III 2, 125 ff.), sowie des Herolds in Cor. II 1, 179 ff., welcher (wie ein Bote) Neues meldet und seinem Empfinden lebhaften Ausdruck verleiht. — Auch die geistlichen Ansprachen in Ado IV 1, 4 ff. und Meas. IV 3, 53 ff. gehören hierher.

5. Diesen mehr oder weniger pathetisch gehaltenen Reden stehen die pathosfreien, rein verstandesmässigen Beratungen völlig nüchtern gestimmter Personen gegenüber. Die nüchterne Stimmung kann im Charakter oder in der augenblicklichen Situation beruhen. Grundnüchterne Personen sind Roderigo, Don John und Oliver. Vgl. ihre Beratungen mit Jago (Oth. I 3, 302 ff. u. ö.), mit Borachio (Ado I 3 und II 2) und mit Charles (As I 1). Vorübergehend nüchtern[2] verhalten sich z. B. Regan und Goneril in

---

[1] Ähnlich ist das Gepräge von Oth. I 3, 221 ff.

[2] Unter diesem Gesichtspunkte findet der plötzliche Übergang zu Prosa in Tw. II 4, 8 seine Erklärung.

Lear I 1, 286 ff. (zuwartend), Cornwall in Lear III 5 und III 7, 1 ff., der König in H 5 III 6, 102 – 120, Claudio in Ado III 2, 91 ff.,[1] der Kerkermeister in Meas. IV 2, 132 ff. und Isabella in Meas. III 1, 200 ff. Nicht scharf zu trennen sind die unter 7 angeführten Fälle; auch die zweite Serie von 3 steht nahe.

6. Eine nüchterne Stimmung herrscht auch in der sarkastischen Prosa vor; denn diese bezieht sich nur auf Gegenstände, die der Redende für bedeutungslos hält und verspottet, ohne in Wallung zu geraten. So Hotspur im Hinblick auf den zaghaften schottischen Fürsten, der ihm absagt, H 4 A II 3, 1 ff., Kent gegenüber Oswald Lear II 2, 15 ff., Menenius in seiner Rede an die Schildwache Cor. V 2, 108 ff. und Sebastian und Antonio gegenüber dem Bootsmeister Temp. I 1, 43 ff. Dagegen ist Coriolans Spott über die Plebejer mit tiefer Erregung verknüpft und dementsprechend im Blankvers zum Ausdruck gebracht. Die „ausgesuchte Grobheit", welche Delius in seinen Bemerkungen zu Lear II 2 und H 4 A II 3 als Grund der Prosa bezeichnet, ist nicht derber als diejenige Antonios in seiner Rede an Claudio und Pedro in Ado V 1, 91 (Blankvers!): Antonios „milksop" hält Hotspurs „dish of skim milk" die Wage! Der Unterschied liegt in der Qualität des Angegriffenen. Vgl. unten die Bemerkung zu Lear II 2.

7. Den höchsten Grad der Leidenschaftslosigkeit oder Nüchternheit finden wir in der Sprache des gelegentlich mit Ekel gepaarten Stumpfsinns. In solcher Verfassung befindet sich Hamlet V 2, 218 ff. und scheinbar auch II 2, 304 ff.[2]. In völliger Apathie redet Othello IV 1, 178 ff. („My heart is turned to stone") und Cassio II 3, 259 ff.[3]; beide sind in dem Zustande der Nüchternheit, welcher dem Rausche, dem physischen und dem seelischen, folgt. Die Leidenschaft ist verflogen, der Wille ist schlaff; aber der Geist ist klar, die Gedanken sind geordnet.

---

[1] Vgl. Gloucester in Lear I 2, 112 ff.

[2] Menenius' Apathie in Cor. V 4 ist mit Humor, Ajax' in Troil. II 3 mit Sarkasmus gemischt.

[3] Vgl. Gloucester Lear I 2. An beiden Stellen Empfindung des Ekels.

8. Die Prosa des Wahnsinns hat ihren Grund ebenfalls in dem nüchternen Gehalt, keineswegs in dem „Wahnsinn", wie Delius sagt. Lear geht auch im Wahnsinn zum Vers über, wenn das königliche oder väterliche Gefühl in ihm aufflackert und sich auf einen festen Punkt concentriert. Gegen den Schluss spricht Lear gefühlvoll wie ein Kind und im Blankvers wie Macduffs Sohn Mcb. IV 2, 32 ff. und Mamillius Wint. II 1, 3 ff. (s. oben S. 3). — Ähnlich Titus Andronicus Tit. IV 3.

9. Wie die Verwirrung des Verstandes, so ist auch die Verwirrung des Gefühls im Übermass der Leidenschaft für den Ausdruck im Blankvers ungeeignet. In einem derartigen Zustande treffen wir Othello IV 1, 35 ff., die Plebejer Caes. III 2, 152 ff. und Cor. I 1, die Bootsleute Temp I 1 und vielleicht auch Troilus III 2, 57.

10. Der Prosagebrauch erstreckt sich folgerichtig auch auf Reden, die, für die Handlung belanglos und ohne Erregung vorgetragen und aufgenommen, lediglich technischen Zwecken dienen, sei es, dass sie einen Scenenwechsel begründen, wie die gleichlautenden Meldungen der Ursula und des Boten Ado III 4, 95 und 5, 59 (vgl. Ado III 4, 1 ff. und V 2, 97 ff.), die Mitteilungen des Burschen Troil. I 2, 297 ff. und III 2, 1 ff. und die Worte, die Lear und Kent wechseln I 5[1], sei es, dass sie ein neues Gespräch vermitteln, wie die Botschaft in H 5 III 7, 135 und vielleicht auch diejenige in Meas. IV 2, 105.

11. Nach alledem versteht es sich von selbst, dass Briefe, auch solche, welche tiefes Gefühl enthalten (wie Macbeths Mcb. I 5), vollends Dokumente, Urkunden u. dgl., in Prosa abgefasst sind. Ausgenommen sind natürlich lyrische Ergüsse in Briefform.

Werden aber Briefe nicht abgelesen, sondern frei aus dem Gedächtnis citiert, so erscheinen sie, wie alle in Vers-

---

[1] Vgl. die Einladungen zur Mahlzeit bei Escalus Meas. II 1, 292 (in Prosa), bei Caesar II 2, 126, bei Menenius Cor. IV 2, 49 (in pathetischem Vers) und bei Cassius Caes. I 2, 292 (in Cascas Prosaton).

reden citierten Aussprüche (s. u. H 5 III 6) — gewissermassen zum Erlebnis werdend — im Blankvers, so Troil. III 3, 96 ff., Cor. I 2, 9 ff. und Cymb. III 2, 17 ff.

12. In schulmeisterlich-nüchternem Tone redet Falstaff, den König nachahmend, H 4 A II 4, 440 ff. Die Reden des Oberrichters in H 4 B sind anders zu beurteilen.

In allen diesen Fällen kommt einunddasselbe Prinzip — „Blankvers = leidenschaftliche Bewegung, Prosa = nüchternes Abwarten" — zum Ausdruck.

Konsequent durchgeführt ist dasselbe indessen erst in den Dramen der mittleren und späteren Zeit, etwa seit 1598. In den früher abgefassten Stücken ist die Prosa viel spärlicher und ohne Konsequenz angewendet, in den Jugendstücken fast auf die Witzprosa beschränkt.[1]

Wir betrachten zunächst die Dramen, in denen die Prosa zur vollen Entwicklung gelangt ist, und weisen in ihnen die genau durchgeführte Übereinstimmung zwischen Redeform und Stimmung nach, wobei die zahlreichen Fälle von Witzprosa, welche keine Schwierigkeit bieten, füglich übergangen werden können.

In zweifelhaften Fällen können ausser der Metrik (vgl. Königs Darstellung in QuFo. LXI) nur Parallelstellen entscheiden, nicht die ältesten Ausgaben (Ff und Qq), welche oft sinnlos Vers statt Prosa und Prosa statt Vers drucken.

---

[1] Die Vorliebe des jugendlichen Dichters für den erst kurz vor seinem Hervortreten (1586) auf der Volksbühne eingeführten Blankvers ist ebenso erklärlich wie das Bestreben des älteren, die verschiedenen Grade der menschlichen Leidenschaft scharf zu sondern und wie im Redeinhalt, so auch in der Redeform zum klaren Ausdruck zu bringen.

ZWEITES KAPITEL.

DIE DRAMEN DER MITTLEREN UND SPÄTEREN ZEIT

(etwa seit 1598).

Im J. 1598 schrieb Shakspere aller Wahrscheinlichkeit nach[1] die Dramen Henry V und Much Ado about nothing, in welchen zuerst pathetische Prosa vorkommt. Während die anderen Prosaarten schon in den früheren Dramen mit zunehmender Neigung angewendet werden, fehlt diese noch völlig. Wir beginnen also unsere Betrachtung mit diesen Stücken und setzen „Much Ado" wegen des ausserordentlich mannigfaltigen Prosagebrauchs, den es aufweist, an die Spitze.

MUCH ADO ABOUT NOTHING.

I, 1.

Das Gespräch Leonatos mit dem Boten trägt einen ebenso nüchternen Charakter wie seine Unterhaltung mit den bald auftretenden Gästen, mit denen er zunächst nur auf einem Höflichkeitsfusse steht und auch bleibt. Vgl. Wint. I 2, 1 ff., wo Polixenes' Abschiedsrede zu einer leidenschaftlichen Verhandlung führt.

Während Benedick und Beatrice ein „skirmish of wit" ausfechten, verliebt sich Claudio in Hero. Er gelangt aber erst in dem tête-à-tête mit Pedro 292 ff. zum freien Ausdruck

---

[1] Vgl. Brandl Shakspere S. 102 und 124.

seines Gefühls (bl. v.); dem Spötter Benedick gegenüber (163 ff.) kann er nur in Prosa reden.

I, 2.

Nüchterne Stimmung: Leonato trifft Vorbereitungen zum Maskenfest. Durch Antonios Mitteilung von der Belauschung des Pedro wird er nicht in Wallung versetzt, er wartet ruhig ab (24!). Alles in Prosa. Ebenso inaktiv ist die Unterhaltung zwischen der Countess und dem Steward in All's I 3, 102 ff. und diejenige zwischen Polixenes und Camillo Wint. III 2, 28 ff. Überall ein Stillstand der Handlung. Vgl. noch Lear I 1, 286 ff. und I 4, 54 ff.

I, 3.

Don John, eine verbissene, nüchterne Natur, einer freien, kräftigen leidenschaftlichen Bewegung nicht fähig (in diesem Sinne „inaktiv“), ähnlich wie Oliver in As, redet, wo er im Vordergrund steht, durchweg in rein verstandesmässiger Prosa.

II, 1.

Leonato erwartet seine Gäste. Gespräch mit den Damen über das Heiraten, von Beatricens Witz beherrscht (cfr. 53 und 69 f.), in Prosa. Die Reden der Maskirten in derselben Form. — Claudio wird von dem verleumderischen John als Benedick angeredet und bleibt in Prosa, macht erst in dem dann folgenden Monolog (bl. v.) seinem gepressten Herzen Luft. Benedick gegenüber dieselbe Prosa wie I 1, 163 ff. 298 ff. Aufklärung und Verlobung. Die leidenschaftliche Erregung der zunächst Beteiligten wird durch Pedros und Beatricens Scherze gedämpft, daher Prosa: Scherz und Spott stehen im Vordergrund. Ebenso 355 ff.

II, 2.

Don John wie I 3, s. da.

II, 3.

Don Pedro, Claudio und Leonato finden sich ein, um Benedick in die Falle zu locken. Zunächst — im Genusse der Abendstille und im Hinblick auf einen musikalischen Vortrag von Balthasar — ernste, gefühlvolle Unterredung im bl. v., die durch die eingestreuten Wortspiele von ihrem Charakter nichts einbüsst. Vgl. den musikalischen Sinn Lorenzos Merch. V 1, 70 ff. und Orsinos Tw. I 1, 1 ff. und II 4, 1 ff. Die kritischen Bemerkungen nach dem Vortrag in nüchterner Prosasprache, cfr. As II 5, 9 ff.

92 ff. Die drei Verbündeten unterhalten sich in der Nähe des lauschenden Benedick über Beatrice, die an ihrer wahnsinnigen Liebe zu Benedick wahrscheinlich zu Grunde gehen werde, und bringen, um B. zu überzeugen, viele Einzelheiten vor. Sie reden ohne tieferes persönliches Gefühl, nüchtern referierend, zum Schluss ironisch. Ganz anders die Damen, welche Beatrice täuschen (III 1). Diese bringen nicht Thatsachen, sondern Gefühle vor, sie verurteilen Beatrice, ihren Hochmut im allgemeinen und besonders solchem Manne gegenüber. Hier ist nur bl. v., dort nur Prosa am Platze. Die Betrogenen sprechen in ihren dann folgenden Monologen die Sprache ihrer Betrüger, Benedick nüchtern-verstandesmässig in Prosa, Beatrice gefühlvoll im bl. v.

III, 1.

Siehe unter II 3.

III, 2.

Auf den Scherz, den Pedro und Claudio mit dem melancholischen Benedick treiben, folgt bitterer Ernst: Don John verleumdet Hero. Claudio ist weder ein Othello (cfr. Oth. III 3, 410 ff.) noch ein Leontes (cfr. Wint. I 2), er gerät nicht in leidenschaftliche Wallung, und Don Johns kalt berechnender Verstand beherrscht die Stimmung. In den letzten kleinmütigen Exklamationen wird die Rede rhythmisch (schwerlich metrisch, vgl. Gloucester Lear I 2, 80 ff.).

III, 3.

Borachio und Conrade unterhalten sich in bester Laune über den an Claudio verübten Betrug und werden von den komisch gezeichneten Konstablern verhaftet (Prosa).

III, 4.

Die Damen unter sich. 1—5 und 95 ff. ernsthaft, aber bedeutungslos, das übrige scherzhaft.

III, 5.

Komik der Konstabler. 59 ff. wie III 4, 95 ff. Dazu s. S. 8.

IV, 1.

Altarscene. Trauungsformalität in Prosa. Claudio verbirgt hinter bitteren Scherzworten (Prosa) sein eigentliches Empfinden bis 24. In der dann zum Ausbruch kommenden leidenschaftlichen Erregung sprechen auch die Humoristen mit einander (145 ff.) und Don John (68, 96 ff.) ausnahmsweise im bl. verse.

257 ff.: Beatricens tiefes Mitgefühl macht in dem tête-à-tête mit Benedick, der ganz von Liebesgedanken erfüllt ist, einer nüchternen Betrachtungsweise Platz, an welcher der Schalk in ihr keinen geringen Anteil hat. Der Gedanke an einen Zweikampf zwischen Benedick und Claudio ist natürlich nicht ernst zu nehmen; sie will nur eine Probe von der Mannhaftigkeit ihres Geliebten haben. Benedick geht ihr zu Liebe darauf ein, bleibt aber zurückhaltend und vermag auch nachher Claudio gegenüber (V 1, 146 ff.) keinen leidenschaftlichen Ton anzuschlagen.

IV, 2.

Wie III, 5.

V, 1.

Leidenschaftliche Auseinandersetzung zwischen Leonato und seinen Gästen im bl. v. Vgl. S. 7. Über das Zusammentreffen der letzteren mit Benedick s. zu IV, 1. Die Komik der dann auftretenden Konstabler wirkt ernüchternd auf den reuigen Borachio und bedingt die prosaische Abfassung seines Geständnisses 236 ff. Ähnlich wirkt die Anwesenheit und Beteiligung der Schildwache auf Menenius' Rede an Coriolan Cor. V 2, 65 ff. — Nachdem das tiefe Gefühl 252 ff. zum freien Ausdruck gelangt und der Vers an die Stelle der Prosa getreten ist, redet auch Borachio im bl. verse (255 in Globe Ed. falsch gedruckt).

V, 2.

Auch hier verbirgt Beatrice Benedick gegenüber ihr tiefes Empfinden hinter Witzworten. Die Nachricht, mit der Ursula diese heitere Gesellschaft überrascht, aber nicht umstimmt, ist in Prosa abgefasst (S. 8). Vgl. Tw. I 5, 107 Marias Botschaft. Anders V 4, 127 f.!

V, 3 und 4.

Gehobene Stimmung, freier, kräftiger Gefühlsausdruck (im bl. verse), zum Teil scherzhaft formuliert (V 4, 18 ff. Benedick und Leonato). Die Schlussverhandlung zwischen den Humoristen 72 ff., in der beide ihre Liebe leugnen, würde ihren Eindruck verfehlen, wenn sie in Prosa abgefasst wäre: in dem gefühlvollen Ton liegt das Komische! Durch Claudios und Heros Gegenbeweise gezwungen, ihre Rolle aufzugeben, kehren sie, indem sie sich in die Arme fallen, zur gewohnten Scherzprosa zurück, welche nunmehr, ungeachtet der Botschaft von Don Johns Verhaftung, bis zum Schluss beibehalten wird.

KING HENRY V.

I, 1 und 2.

Gegenstand des dichterischen Pathos sind hier, wie in allen Histories, die Angelegenheiten des Staates; diese werden durchweg im bl. verse verhandelt, einerlei ob sie, für sich genommen, dramatischen Charakter haben oder nicht, mithin auch Canterburys ausführliche Darlegung des salischen Erbgesetzes I 2, 33 ff.

II, 1.

Die komischen Figuren Nym, Bardolph, Hostess und Boy reden stets in Prosa, Pistol schwadronirt in Jamben.

II, 2.

Wie I, 1. Exeters Worte 145 ff. I arrest thee u. s. w. sind nicht Teil der Verhandlung, sondern reine Formalität (Stillstand der Handlung). Anders die Worte des Herolds in Lear V 3, 119 ff. Der Herold vermittelt die Verhandlung wie ein Bote, Exeter redet wie eine Urkunde. Vgl. unt. zu Wint. III 2, 9 f. und 125 ff.

II, 3 wie II, 1.

II, 4 } wie I, 1.
III, 1 }

III, 2.

Fluellen, Macmorris und Jamy sind gleichfalls komisch gezeichnet, ihre dialektisch gefärbten Reden sind durchweg in Prosa abgefasst, in der auch Gower zu ihnen spricht, da ihre Komik die Stimmung beherrscht. 21/22 scheint ein Vers zu sein; hier ist keine komische Wirkung beabsichtigt.

III, 3 und 5 wie I, 1.

III, 4.

Katharine erhält von Alice den ersten Unterricht im Englischen, natürlich in Prosa.

III, 6.

Wie III, 2. Gowers ernst vorgetragene Worte 70 ff., mit denen er Leute von Pistols Schlag charakterisiert und verurteilt, sind nur in Prosa möglich, weil es sich um keine Herzensangelegenheit Gowers handelt. Anders Jaques' (im bl. verse abgefasste) Charakteristiken in As II 7, 36 ff. Vgl. noch V 1, 73 ff.

Das Pathos des V. 93 auftretenden Königs wird durch Fluellens unfreiwillige Komik gedämpft (102 Prosa, vgl. ob. zu Ado V 1, 236 ff.), und ohne leidenschaftliche Erregung, wenn auch bitterernst, redet er mit dem wackeren Offizier über die Verwerflichkeit solcher Leute wie Bardolph. Die Worte „we give express charge . . . .“ sind mithin nicht als Armeebefehl aufzufassen (wie IV 8, 119 ff.), sondern privatim an Fl. gerichtet. Diese Scene bildet eine Ruhepause. Das Verhalten der englischen Soldaten im Felde ist keine Staatsangelegenheit. Vgl. noch unt. V 2.

Montjoy führt, indem er die Botschaft des französischen Königs überbringt (125 ff.) — anders als der Gesandte I 2, 246 ff. — die Ausdrücke seines Herrn wörtlich an; aber nicht in diesem Umstande ist die prosaische Fassung begründet — Citate finden sich oft im Vers, z. B. As II 7, 18 ff., H 6 C IV 1, 93 ff., Troil. II 2, 3 ff. und Cor. I 2, 9 ff. —, vielmehr in der durchaus nüchternen, leidenschaftslosen Stimmung, aus welcher diese Botschaft geflossen. Der französische König sieht mit Verachtung auf „Harry“ herab; er hätte ihn vernichten können, aber er will Gnade für Recht ergehen lassen und zufrieden sein, wenn Harry sich und sein Königreich ihm zu Füssen legt. In ähnlichem Tone wird Henry (nach Falstaffs Darstellung) von seinem Vater geschulmeistert, H 4 A II 4, 440 ff[1]. Vgl. die Botschaft IV 3, 79 ff. im bl. verse. — Die vor und nach jenem Citat („Though . . . pronounced“) gesprochenen Worte sind natürlich metrisch zu fassen.

III, 7.

Frivole Witzprosa der französischen Herren. Die Botschaft 135 ff. ist ohne Bedeutung, vermittelt nur ein neues Gespräch, daher in Prosa (vgl. IV 2, 14). 168 f. Knittelverse.

IV, 1.

Der König muss, als gentleman verkleidet, das leidenschaftliche Empfinden verbergen und sich auch in seinen ernsten Reflexionen William und Bates gegenüber 104 ff. der nüchternen Prosasprache bedienen, ebenso wie der verkleidete Herzog in Meas. III 2, 235 ff. Escalus gegenüber. Mit Unrecht sagt Delius: „Der König muss sich im Verkehr mit den Soldaten ihrer Redeweise (!) anbequemen“. Soldaten sprechen unter einander keineswegs stets in Prosa, s. z. B. Ant. IV 3. Das Gespräch 87 ff. ist prosaisch abgefasst, weil eine ruhige, nüchterne Betrachtungsweise vorherrscht. Dasselbe gilt für die Reden 219 ff.; ein quarrel zwischen zwei englischen Soldaten ist nicht Gegenstand des leidenschaftlichen Empfindens. So redet der König IV 7, 125 ff. und IV 8, 25 und 41/2 auch unverkleidet mit den Soldaten über diesen Gegenstand in Prosa.

---

[1] Delius begründet die Prosa mit dem „rein geschäftlichen Charakter“ des Vortrags. Diese Erklärung erweist sich im Hinblick auf I, 2, 246 ff. und IV 3, 79 ff. u. 84 ff. als falsch. Vgl. noch Lear V 3, 119 ff. u. Wint. III 2, 125 ff.

IV, 2, 3, 5, 6.

Volles Pathos, bl. verse. S. I, 1.

IV, 7 und 8.

Gower und Fluellen in gewohnter Prosa. Der König, durch seinen Sieg in gehobene Stimmung versetzt, behält auch Fluellen gegenüber den Vers bei: IV 7, 100, 109 f., 116; 8, 124/25. Im Gegensatz dazu bespricht er William's Angelegenheit (s. IV 1) in nüchternem Prosaton (125 ff. und IV 8, 25), bis er durch Vergleich der Handschuhe seine Identität mit dem verkleideten gentleman nachgewiesen und damit seine persönliche Teilnahme bekundet hat. Während Henry nunmehr in den hoheitsvollen, pathetischen Blankvers übergeht, bleibt William, seiner Haltung entsprechend, in Prosa. Durch Abfassung im bl. verse würden seine Reden einen ihnen nicht zukommenden leidenschaftlichen Charakter annehmen.

V, 1.

In den Worten, mit denen Gower Pistol heimleuchtet, ist nur die Prosa, die Sprache der vollen Ernüchterung, am Platze. So tief wie Pistol steht Oswald in Kents Augen Lear II 2, 15 ff. und der schottische Edelmann in Hotspurs H 4 A II 3, 1 ff., überall derselbe Prosaton.

V, 2.

Die in Prosa abgefasste Unterredung zwischen Henry und Katherine betrifft keine Frage der hohen Politik. Henry will nicht die Hand, sondern das Herz der französischen Prinzessin gewinnen. Dieser für einen „plain soldier" allzu schwierigen Aufgabe entledigt er sich in humoristischer Prosa.

Der Artikel der Friedensbedingungen, welchen Exeter 364 ff., die direkte Anrede beibehaltend, wörtlich anführt, liess sich nicht metrisch fassen.

Wir betrachten nun die vier Lustspiele der sogenannten „Hamlet-Periode" in der von ten Brink und Brandl aufgestellten Reihenfolge: As you like it, What you will, All's well that ends well, Measure for Measure.

AS YOU LIKE IT.

I, 1.

1—30. Orlando setzt dem Diener Adam ohne Erregung auseinander, was ihm Kummer bereitet. Er will die Knechtung seines Bruders nicht länger ertragen, weiss aber noch keinen Ausweg, „no wise remedy how to avoid it.“ Er wartet zu. Ganz anders II 3, wo Adam das Wort ergreift und seinen Herrn zum energischen Handeln bringt. Vgl. Tw. II 1 und III 3, auch Lear III 3 (s. u.).

31 ff. Auch hier kommt trotz der beiderseitigen Erbitterung die Leidenschaft nicht zum freien, kräftigen Ausdruck. Orlando will Adam nur einmal zeigen, wie Oliver mit ihm umspringt (30); er beabsichtigt noch keinen offenen Kampf, seine Stimmung ist noch gedrückt, seine Rede fliesst mehr aus der Vernunft als aus dem Herzen[1]. Ebensowenig spricht Oliver mit freiem Gefühl; er weiss sich im Unrecht (172 ff.), „kann aber nicht anders als seinen Bruder hassen.“ Der Blankvers würde eine Kraft und Freiheit des Empfindens zum Ausdruck bringen, über die keiner von ihnen verfügt.

Es versteht sich, dass Oliver sich auch im Monolog (90 ff., 170 ff.) nicht zum Blankvers erhebt. Er besitzt eine kalte, nüchterne, leidenschaftslose Natur wie Don John in Ado. Wie dieser an Borachio, so hat Oliver an Charles einen Helfershelfer, mit dem er in verstandesmässiger Prosa seinen Plan erörtert. Vgl. die nüchterne Unterhaltung V 2.

I, 2.

1—25. Celia sucht ihre trauernde Cousine zu trösten und aufzumuntern, wie Volumnia ihre Schwiegertochter Cor. I 3 und Nerissa ihre Herrin Merch. I 2. In diesen Scenen stehen Vernunft und Apathie einander gegenüber, die Handlung pausiert; der pathetische Blankvers ist mithin nicht am Platze[2]. Z. 26 kommt eine heitere Stimmung zum vollen Durchbruch,

---

[1] Über die Mischung seiner Empfindungen vgl. IV 3, 129 f.

[2] Anders Gonzalos Rede Temp. II 1, 1 ff.

die durch Touchstones Witze und Le Beaus Erzählung erhöht wird und erst mit dem Erscheinen des Herzogs in den Hintergrund tritt. Die Prosasprache wird aber beibehalten, weil[1] der Ringkampf nichts weiter als ein Sport und der junge Mann, der sich zum Bedauern des Herzogs daran beteiligt, diesem — ebenso wie den Damen — noch unbekannt und herzlich gleichgültig ist. Aus diesem Grunde kann auch Orlando seinen Gedanken keinen pathetischen, sondern nur einen bitternüchternen Ausdruck verleihen.

Charles' Fall ruft allgemeine Bewegung hervor, der Herzog und Orlando reden in grösster Erregung; von 228 ab ist daher Vers zu lesen. Gehobene, ernste Stimmung bis zum Schluss.

I, 3.

1—42. Humoristische Besprechung von Rosalinds Liebe. Dann tiefe Erregung bis zu Ende.

II, 1.

Gefühlvolle Unterhaltung zwischen dem alten Herzog und seinen Begleitern über ihr Leben in der Natur und Jaques' Verhältnis dazu.

II, 2.

Volles Pathos.

II, 3.

S. unt. I 1.

II, 4.

Rosalind, als Mann verkleidet[2], spricht Celia humorvoll Mut zu, wie Orlando dem treuen Adam II 6. 20/1 ist wohl

---

[1] Delius sagt: „weil sie die eigentliche Umgangssprache am Hofe des Herzogs ist". Damit ist die Anwendung hier doch nicht erklärt! Vgl. 273 ff., II 2 und III 1. — Die sogenannte „Umgangssprache" ist übrigens nicht nur am Hofe dieses Herzogs, sondern in allen Kreisen der Gesellschaft, die in den Dramen der mittleren und späteren Zeit vertreten sind, die Prosa.

[2] Nicht ihre „Verkleidung" (Delius), sondern ihre humoristische Stimmung ist der Grund der Prosaanwendung. Mit der „Verkleidung" motiviert Delius auch Julias Prosa Gentl. IV 2 und Violas Prosa Tw. I 5 ungenügend. Vgl. noch Portia als Richter, Imogen als „boy" Cymb. III 6 u. 5., ebenso Jessica Merch. II 6.

auch in scherzhaftem Ton gesagt und als Prosa zu lesen, 19 ist keinesfalls Vers[1] (anders S. Walker).

Von 22 ab herrscht das tiefe Gefühl vor. Auch Touchstone spricht 66 und 68 als — unbefugter — Wortführer der Damen im Bl.-Vers.

II, 5.

Jaques redet teils humoristisch, teils sarkastisch zu Amiens, von dem er noch einen Gesang wünscht. Anders Don Pedro Ado II 3 (S. 11/12). — Auch seine Worte über den Herzog 36—39 sind nicht pathetisch gemeint.

II, 6.

S. unter II 4. Adam spricht natürlich in Versen[2] (Globe Ed. u. a. falsch).

II, 7.

Wie II 1. Zum Herzog spricht Jaques voll Gefühl. 100/1 scherzhafte Glosse (ähnlich Enobarbus Ant. II 2, 65 u. ö.). Im Blankvers (Delius) würde sie verletzend sein.

III, 1.

Wie II 2.

III, 2.

Nach pathetischem Monolog des Orlando Witzprosa. Rosalind lässt sich durch Touchstones Glossen schwerlich aus der Fassung und aus ihrer Prosa bringen, 121 und 132 f. werden also nicht metrisch zu lesen sein. S. die Anm. zu II 4. — 172 ff. wieder teils humoristische, teils witzige Unterhaltung wie I 3, ebenso 267—312 (Orlando-Jaques)[3] und 313 bis Schluss (Rosalind-Orlando). Dass Orlando nicht ganz so heiter

---

[1] Der Rhythmus hat die Herausgeber verleitet, auch 58 und 67 als Verse zu drucken. Rosalind spricht sicher nicht im bl. v. zu Touchstone. Beachte den Rhythmus III 2, 121, V 4, 39, III 2, 268 ff. u. an zahlreichen anderen zweifellos prosaisch gemeinten Stellen.

[2] Ich schlage folgendes Arrangement vor: [1]Dear master, I . . . . further: O, ‖ [2]I die for food. (Legt sich nieder) ‖ [3]Here lie I . . . grave. [4]Farewell, kind master.

[3] Der Rhythmus von 268—74 hat Abbot (Grammar § 511) verleitet, hier Verse zu lesen.

gestimmt ist wie Rosalind, wird durch den Rhythmus in seinen Reden verschiedentlich ausgedrückt.

III, 3.

Witzprosa, auch Jaques' (z. T. rhythmische) Worte.

III, 4.

Celia heitert die durch Orlandos Ausbleiben betrübte Rosalind auf, indem sie seine Liebe scherzhaft verdächtigt. Gehobene Stimmung durch Corin.

III, 5.

Die prosaische Fassung von 66 ff. lässt keine andere als humoristische Deutung zu und beweist, dass diese Worte beiseit zu sprechen und an Celia zu richten sind, wie III 2, 313 ff.; eine Ansprache dieser Art an die Schäfer hätte nicht nur keinen Sinn, sondern würde die durch Rosalinds Rede 35 ff. hervorgerufene Wirkung völlig zerstören. Demnach ist *her* foulness[1] (mit Hanmer) und answers *him* zu lesen[2].

IV, 1.

Wie III 2 u. ö.

IV, 2.

Wie II 5.

IV, 3.

Zunächst fingiert Rosalind Silvius gegenüber leidenschaftliches Empfinden und spricht im Bl.-Vers. 66 geht sie zu scherzhaftem Ton über. —

Durch Olivers Hervortreten kommt eine ernste Stimmung und Blankvers auf, bis 163 herrscht tiefe Erregung. Endlich kehrt mit den Worten „Be of good cheer, youth: you a man!“ der Humor zurück.

---

[1] Foulness wohl im Sinne von disgrace, ähnlich anger.

[2] Vermutlich ist die Stelle von einem unachtsamen Regisseur, dem „your“ foulness bereits vorgelegen haben mag, so aufgefasst worden wie V 2, 118 ff., V 4, 7 ff. und V 4, 192 ff. Vgl. solche Misverständnisse wie in V 2, 115, wo die F. aus „Who do you speak to?“ „Why do you speak too?“ macht.

V, 2.

In dem nur zur Orientierung dienenden Gespräch zwischen den Brüdern gelangt keine warme Empfindung zum Ausdruck. Die Handlung pausiert. Vgl. Lear III 5 und III 7, 1 ff. Von 20—83 Humor, dann bis 117 (in der Globe Ed. falsch) Liebespathos im bl. v. Fast überwältigt, weiss Rosalind ihr leidenschaftliches Gefühl noch einmal hinter einem kräftigen Witzwort (118/9) zu verbergen und entlässt die Liebenden, die nun gänzlich an ihr irre geworden, mit schalkhaften Verheissungen und Vorschriften. 132—34 wird éin Vers sein.

V, 4.

In dieser Scene wird das Pathos nur durch einen Vortrag des Clowns unterbrochen. Dass Jaques in seiner Schlussrede zu Touchstone — wie zu den übrigen Liebhabern — im Blankvers spricht, erhöht die komische Wirkung.

TWELFTH NIGHT.

I, 1.

„Einleitende Orientierungsscene", um einen Ausdruck zu gebrauchen, den Delius öfter (z. B. zu Wint. I 1) zur Motivierung von Prosa verwendet, aber nicht in Prosa, weil nicht Unbeteiligte, sondern der Herzog selbst uns mitteilt, wie es in seinem und Olivias Herzen aussieht (vgl. I 4, 1 ff.), und zwar in einer Scene voll leidenschaftlicher Bewegung, nicht in einem passiven Vortrag, wie z. B. Orlando As I, 1, 1 ff. hält.

I, 2.

Lehrreich ist der Vergleich dieser Scene mit II 1 und III 3. In der ersten hat der Kapitän, der Viola gerettet, das Wort und macht dieser Mitteilungen, welche sie tief ergreifen und zu bedeutungsvollem Entschluss treiben. II 1 treffen wir die entgegengesetzte Situation und Stimmung an: Sebastian erzählt, in sein Schicksal ergeben, dem ihm fernstehenden Kapitän seine traurigen Erlebnisse, und dieser, noch nicht entschlossen, dem im geheimen „angebeteten" Jüngling in die gefährliche Nähe des Herzogs zu folgen, verhält sich kühl und passiv. Vgl. Adam und Orlando As I 1. In der letzten der genannten Scenen (III 3) lässt der wackere Kapitän seinen Empfindungen freien Lauf, und Sebastian, nun in die Aktion tretend, nimmt tief gerührt seine Hülfe an. Vgl. As II 3.

I, 3.

Witzprosa.

I, 4.

Kurze Unterredung zwischen Viola und Valentine, die sich nüchtern und passiv gegenüberstehen, natürlich in Prosa (Delius: „orientierend"!), dann tiefes Pathos.

I, 5.

Bis 96 Witzprosa. Einen ernsteren Ton schlägt Olivia 97 ff. in ihrer Rede zu Gunsten der professionsmässigen Narren an, aber weder die Persönlichkeit desjenigen, zu dem sie spricht, noch ihre eigene Gedankenrichtung lassen hier Pathos aufkommen. Vgl. dagegen Viola III 1, 67 ff. und Jaques As II 7, auch Merch. I 1, 79 ff. und III 5, 70 ff. — Die Mitteilung, dass ein schöner Fremdling Einlass begehre, lässt sie zunächst kalt. Sie lässt ihn durch Malvolio abweisen. Alles in Prosa. Vgl. S. 14 oben. Aber Malvolios Bericht von dem kecken, humorvollen Auftreten des jungen Mannes macht ein unbestimmtes Gefühl in ihr rege, und pathetisch ruft sie Maria zu: „Give me my veil etc." Auch die vorhergehende Weisung an Malvolio 172 f. ist vielleicht mit tieferer Empfindung zu sprechen und als Vers zu lesen (Gentlewoman 174 könnte ein Versfuss sein wie Gentl. IV 4, 113). — Violas Humor begründet die Rückkehr zur Prosa 177 ff. Delius' Bemerkung „In ihrer Eigenschaft und Verkleidung als Diener redet Viola Prosa" ist durchaus unzutreffend. „Dienerprosa" giebt es nicht. Vgl. Gentl. IV 4, 113 ff. und S. 19 Anm. 2. — Erst als sie Olivias Schönheit gewahr wird (257 ff.), giebt sie ihrem Empfinden freien Ausdruck und geht zum Blankvers über, während Olivia noch in scherzhaftem Prosaton verharrt. Von 276 bis Schluss volle Empfindung, auch in dem Auftrag an Malvolio 319 ff. (vgl. III 4, 5 f.).

II, 1.

S. unter I, 2.

II, 2.

Malvolio entledigt sich seines Auftrages natürlich im trockensten Prosaton, und Viola geht mit demselben Humor darauf ein, den sie früher an Olivias Hauspforte an den Tag gelegt (I 5, 147 ff.). Anders Gratiano Merch. IV 2!

II, 3.

Witzprosa.

II, 4.

Das pathetische Gespräch über Musik und Liebesschmerz wird durch eine nüchterne Erörterung über den Aufenthalt des für einen bestimmten Vortrag zu beschaffenden Sängers unterbrochen. Der Prosagebrauch wäre mithin auch, wenn es sich nicht um den Clown handelte, motiviert und kann nicht „willkürlich“ (Goswin König, „Vers“, S. 129)[1] genannt werden.

II, 5.

Wie II 3.

III, 1.

Auch hier ist Violas Prosa in ihrer humoristischen Stimmung begründet (anders z. B. V 1, 190 ff. Sir Andrew gegenüber!) und Delius' Erklärung („So lange Viola als Diener mit den Anderen verkehrt, spricht sie in Prosa“) zurückzuweisen. Im Monolog 67 ff. freier Ausdruck des Gefühls. Von 105 ab tiefe Empfindung.

III, 2.

Wie II 3.

III, 3.

S. unter I 2.

---

[1] Auch an den anderen von König angeführten Stellen zeigt Sh. die „aussergewöhnliche Genauigkeit“, die König nur für den Prosagebrauch in komischen Scenen konstatiert. In den Jugendstücken würden wir allerdings in solchen Fällen Blankvers antreffen. Ein Beispiel ist mir nicht zur Hand. In Mids. V 1, 72 ff. wird eine — auf das Gemüt wirkende — Charakteristik der Schauspieler, kein Wohnungsnachweis gegeben.

III, 4.

Auf Olivias ernsthafte Frage nach Malvolio antwortet Maria in schalkhaftem Ton, den Steward verdächtigend. Olivia giebt aber ihre gute Meinung von M. so schnell nicht auf, Z. 10 ist also als Quaternarius zu fassen. Erst 26 ist sie ernüchtert. — In der prosaischen Bestellung des Dieners 62 ff. spiegelt sich Violas Humor wider (wie I 5, 147 ff.). — Von 71 bis 220 komische Situation, bis 237 Pathos. — Sir Andrews Forderung steht Viola kühl gegenüber (wenn auch nur scheinbar, vgl. 322 f.); bezeichnend sind ihre Worte: „I am one that had rather go with sir priest than sir knight: I care not who knows so much of my mettle“ (297 ff.). — 331 ff. ist Viola in ähnlicher Situation wie Rosalind As IV 3, 166. Tiefe Empfindung kommt erst 343 ff. in Antonios Worten zum Ausdruck, die Sir Toby indessen nicht aus der kecken Laune herausbringen; auch Viola bleibt 354 noch im nüchternen Prosaton. — Das Erscheinen der Polizeisergeanten scheint schon 351 den Blankvers herbeizuführen; sicher reden die Beamten selbst 359 ff. im Metrum[1] (mit wirksamer Taktumstellung):

1. Off. This is the mań; dó thy office.
2. Off. Antonio,
I ąrrést thee at the suit of Count Orsino.

Der Rest macht keine Schwierigkeiten.

IV, 1.

Sebastian mit tiefem Gefühl, die anderen komisch wie III 4, dementsprechend Wechsel von Vers und Prosa. Delius nennt diese „genaue Durchführung“ eine „Seltenheit“ bei Shakspere. „Selten“ ist eine derartige Situation, nicht eine derartige Genauigkeit!

IV, 2.

Wie II 3.

---

[1] Auch der zweite Off. ist aktiv. Anders Exeter in H 5 II 2, 145 ff. (s. S. 14).

IV, 3.

Tiefes Pathos.

V, 1.

Siehe Delius' im allgemeinen zutreffende Erläuterung (S. 246).

Der Herzog geht nicht nur hier, sondern auch II 4, 71 auf den Ton des Clowns ein. Der blutig geschlagene „Ritter“ erweckt 175 ff. kein Mitleid. Die Verse der Viola 190—92 entsprechen denen ihres Bruders IV 1, 3 ff. Sie wird hier von der Komik nicht berührt, wohl aber Olivia (177 u. s. w.) und der Herzog (199). — Ernstes Empfinden ruft hingegen Malvolios Erscheinung hervor. Die Klage des so stark gedemütigten Mannes, die Antwort seiner zartsinnigen Herrin, endlich die Erklärung des hochgestimmten (366) Fabian, das alles kann nur im Blankvers gedacht werden.

ALL'S WELL THAT ENDS WELL.

I, 1.

Vor dem Abschied, welcher das tiefere Pathos weckt[1], unterhalten sich Mutter und Sohn mit dem alten Hofmann über Dinge, die ihr Gefühl nicht ergreifen, in ruhigem, nüchternem Ton, in den auch Helena notgedrungen einstimmt. Anders der König I 2, 30 ff., wenn er mit Bertram über dessen verstorbenen Vater redet! —

70—83 tiefe Bewegung. — Bertrams Abschiedsworte an Helena sind frei von Empfindung, ebenso Lafeus. In dem

[1] Ob die Worte „Madam, I desire your holy wishes“ 68 von Bertram zu sprechen sind, erscheint mir wegen der befremdlichen Fassung in Prosa zweifelhaft. Lafeus daran sich anschliessende Frage spricht auch dagegen. Alles ist in Ordnung, wenn man jene Rede Helena zuteilt. Die Gräfin hatte gesagt: „Wenn der Lebende seinen Gram bekämpft, macht der Excess (d. h. ein aussergewöhnlicher Kraftaufwand) denselben bald hinfällig“. Dies wendet H. auf ihren Liebesgram mit günstiger Bedeutung an und erwidert: „Gnädige Frau, ich erbitte Euren Segen dazu“. Dann Lafeu: „Wie sollen wir das verstehen?“ Im anderen Falle schlage ich vor, „I do desire“ zu lesen und diese Rede hinter Lafeus Frage zu setzen.

Dialog zwischen Helena und Lafeu erscheinen Blankvers [1] und Prosa entsprechend der zu Grunde liegenden ernsten oder scherzhaften Auffassung. 201 Geschäftsprosa wie Ado III 4, 95 ff., Troil. I 2, 297 ff. u. a.

I, 2.

In dem einleitenden Gespräch fehlt es, ebenso wie in III 1, an dramatischer Bewegung fast ganz; die Lords sind passive Zuhörer. Der König und der Herzog stehen vor fertigen Thatsachen: ersterer ist fest entschlossen, dem Florentiner keine Hülfe zu senden, und letzterer hat diese Gewissheit bei Beginn von III 1 bereits in Händen; aber durch die Öffentlichkeit, in der ihre scheinbar nur an ein oder zwei unbeteiligte Lords gerichteten Reden vorgebracht werden, erhalten diese eine tiefere persönliche und sachliche Bedeutung. Wenn sich mithin der Versgebrauch in beiden Scenen auch rechtfertigt, so glaube ich doch nicht, dass diese zu derselben Zeit entstanden sind wie die Prosagespräche I 1, 1--67, I 3, 102 ff. (auch 1 ff.), III 5, 1 ff., III 6, 1 ff., IV 3, 1 ff. und IV 5, 72 ff., vermute vielmehr, dass I 2 und III 1 zusammen mit II 1 (ausser 36 – 62), III 3, III 4, III 5, 49 ff., V, 1 und V 3 (s. u.) der Jugendperiode zuzuweisen sind. Der überfliessende Reichtum der Sprache und die Kühnheit — oft Gesuchtheit — der Tropen scheinen diese Vermutung zu bestätigen [2].

So bewegungsarme und steif stilisierte Scenen wie I 2, 1 bis 17, III 1 und V 1 finde ich sonst nirgends bei Sh. Sollten sie unecht sein?

---

[1] V. 192 geht bis pity —.

[2] I 2: braving war 3, nur hier; credible 4, n. h., certainty, vouched 5, prejudicates 8, n. h., (he) would *seem* to have us make denial statt would have us 8, his love may plead for credence 9 f., arm'd our answer 11, n. h., breathing = exploit 17, n. h.

III 1: fundamental reasons 2, black and fearful (quarrel) 5, our borrowing prayers 9, n. h., Alliteration (b) 8—9, outward man 11, n. h., self-unable motion 13, n. h., my incertain grounds to fail 15, the younger of our nature 17, n. h., (honours) fly from us 20, n. h., (honours) shall on them settle 21, n. h. [verte].

I, 3.

Die alte Gräfin wird durch den Bericht des Haushofmeisters nicht überrascht und erschüttert: „many likelihoods informed me of this before" 128; ebenso Polixenes Wint. IV 2, 51. Vgl. Lear I 4, 72 ff. Überall ein „Abwarten", eine Ruhepause vor der Aktion. So auch Ado I 2. — Erst nach seinem Abgang bricht ihr warmes Gefühl hervor. Delius sagt: „Die Gräfin lässt sich zu der prosaischen Redeweise des Haushofmeisters herab". Dass dieser nicht zu prosaischer Redeweise verurteilt ist, zeigt III 4.

II, 1.

Vom König mit warmen Mahnworten entlassen, führen die ausziehenden Lords ein ziemlich resultatloses, pathosarmes Gespräch mit Bertram, welches der vermuteten Jugendbearbeitung angehören wird. Z. 36 beginnt die spätere Zuthat. Nur so wenigstens ist der plötzliche Übergang zu kühler Prosasprache, die mit dem Vorhergehenden in entschiedenem Widerspruch steht, zu erklären [1]. Die Partie von 63 ab macht mit ihren spitzfindigen Redewendungen wieder den Eindruck von Jugendarbeit, ebenfalls der reimende Dialog 132—213.

II, 2.

Die Verse gegen Schluss deuten auf frühere Entstehung. Vgl. Oth. III 1, 25 ff. und III 4, 18—22, anderseits LLL III 1, 153 f. und 165 ff. Anders ist die Situation Troil. III 3, 307 (S. 66).

III 3: we lay our credence upon thy promising fortune 2 f., to the extreme edge of hazard 6, fortune play upon thy prosperous helm 7, vgl. John II 307, zu 7 noch hinzugefügt: as thy auspicious mistress!

V 1: not fallen from the report that goes upon you 12, n. h., goaded with sharp occasions 14, that store of power 20, n. h., Alliteration (g) 13—14, I do beseech you 27 und 29 wie I will entreat you III 2, 95 und 97!

V 3: inaudible and noiseless 41, inaudible n. h. (vgl. credible oben unt. I 2).

[1] Man beachte, wie der Kampf, in dem Bertram sich 30 ff. befindet, plötzlich abgebrochen wird (35). Sein Entschluss, doch zurückzubleiben (50), wird nicht motiviert. Der Text ist hier wahrscheinlich stark entstellt. — Ist 33 vielleicht *I'ld* steal zu lesen?

II, 3.

In Lafeus Bemerkung 65 ff. fällt der Blankvers auf. Vgl. V 3, 148 f. und 176 f. Die zahlreichen Reimverse zwischen 78 und 151 vgl. mit II 1, 132 ff.

Gegen die metrische Fassung der bombastisch-pathetischen Reden 291 ff., die an Pistols Rodomontaden erinnern, ist nichts einzuwenden[1]. Allerdings sprechen die Reimverse 308 ff. für Jugendarbeit.

II, 4.

Prosa und Vers der Stimmung entsprechend.

II, 5.

Die Persönlichkeit des Parolles ist nicht der Besprechung im pathetischen Blankvers wert; indessen hätte Sh. hier in früherer Zeit wahrscheinlich den Vers gewählt.

Vers 22 umfasst wohl noch „She is“:

Is she góne to the kíng?
She ís.

54 ff. natürlich Verse. Vielleicht ist folgendermassen zu lesen:

Par. An idle lord, I swear.
Bertr. I think *not* so.
P. Why, do you not know him?
Yes, *I know* him well,
And common speech gives him a worthy pass.
Here comes my clog.

III, 1.

S. unter I 2.

III, 2.

Mit der Prosa 11—12 vgl. II 2, 66 ff.

In der Unterredung der Gräfin mit den Gentlemen und Helena 47 ff. scheint mir Älteres und Späteres durcheinandergemischt zu sein. 71—76 wiederholen genau 54 ff.! Die plötzlichen Übergänge 71 b „Towards Florence is he?“ und 85 b „Who was with him?“ sind in ihrer Gleichartigkeit an-

---

[1] 291 ist „to the wars!“ wohl 2mal zu lesen, 295 dagegen 1mal. Bertrams Rede 293 f. muss natürlich metrisch abgeteilt werden (= 286 f.).

stössig; unschön sind ferner die zahlreichen „Ay, madam“ (65, 72, 76, 78), nachher zweimal „good lady“ und „I'll entreat you“ (vgl. V 1 27 und 29 I do beseech you), auffallend wieder die ganz ähnlichen Einschaltungen 65 f. und 78—80. Das Zwischengespräch über Parolles 89—94 macht in seiner Sprache [1] und metrischen Fassung (oder liegt Prosa vor?) durchaus den Eindruck von Jugendarbeit; die Prosabemerkung 79 f. hingegen scheint spätere Zuthat [2].

III, 3.

S. unter I, 2.

Der Versgebrauch, welcher regulär (Pathos!), besagt nichts über die Abfassungszeit, aber die Sprache und der Zusammenhang mit den anderen Scenen der Jugendbearbeitung weisen III 3 derselben Periode zu.

III, 4.

Diese Scene mit dem metrisch gefassten Brief der Helena ist das sicherste Zeugnis für eine frühere Bearbeitung des Stücks. Nur in Liebesbriefen ist der Vers am Platze, dies ist kein lyrischer Erguss [3].

---

[1] „holds him much to have“ 93 ist doch wohl gleich „holds him from having much“. Vgl. R 3 IV 1, 82: „. . . hath held my eyes from rest“. Vorher und nachher gesuchte Ausdrücke und steifer Stil.

[2] Gegen die prosaische Form ist nichts einzuwenden, weil die Bemerkung ganz ausserhalb der Unterredung steht und nichts anderes als eine Höflichkeitsphrase ist; als solche ist sie allerdings sehr störend. Sollten 65—66, 79—80 und 99—100 unecht sein? Unlogisch ist die Umstellung von haply und which, durch welche 79—80 von Neueren in Verse umgewandelt sind; „haply“ bezieht sich doch auf den ganzen Satz! Passender wäre die Voranstellung von haply:

> Haply 'tis but the boldness of his hand,
> *The* which his heart was not consenting to.

Vgl. II 3, 124.

Vers 66 ist sehr holprig. Warum hat sich der Dichter nicht mit „for the contents“ begnügt? Sollten Frage und Antwort Prosa sein? Vgl. Tw. II 4, 8 ff. und die Bemerkung dazu oben.

[3] Man lese den Brief in prosaischer Fassung: I am Saint Jaques' pilgrim and will never return home. Ambitious love has so much offended in me, that I plod barefoot, to have amended my faults with sainted

Man beachte die Alliteration 14 und 15 (wie 31). V. 15 erinnert an R 2 V 3, 139, besonders aber an R 3 IV 1, 40: „Death and destruction dog thee at the heels.“ [1]. Mythologische Anspielungen (wie 13 „I, his despiteful Juno“) sind für die Jugendperiode charakteristisch, vgl. II 3, 300, III 3, 9, V 3, 101. — Der Name Rinaldo kommt nur hier vor.

Auffallend ist die Wiederholung „write, write“ 5 und 29. Diese Erscheinung begegnet verschiedentlich in LLL (z. B. V 2, 119, 120). Übrigens würde an der zweiten Stelle die Einschiebung von „Rinaldo“ zwischen „write, write“ einen besseren Vers geben. Vgl. V 3, 309.

III, 5.

Delius sagt: „Die einfachen Bürgersfrauen sprechen in Prosa“. „Einfache“ Leute sind es durchaus nicht: IV 3, 17 wird Diana als „gentlewoman“ (= lady) bezeichnet, V 3, 159 nennt sie Capilet ihren Ahn, doch nur um ihre gute Abkunft zu beweisen; aber auch „einfache“ Leute unter sich bedienen sich des Blankverses, wenn sie, was bei Sh. allerdings selten vorkommt, mit tiefer Empfindung sprechen, z. B. Wiv. IV 4, 6 ff. und Wint. IV 4, 55 ff. — Die hier auftretenden Personen sind nüchtern gestimmt. Weder der Gedanke an das erwartete Schauspiel noch die Besprechung der Belästigungen, denen Diana ausgesetzt ist, versetzt sie in Wallung. „You shall not need to fear me“, so schliesst Diana kühl. Vgl. 77.

Bei der Begrüssung der fremden Pilgerin 35 ff. hebt sich die Stimmung. Von „God save you“ ab ist Blankvers zu lesen. Dagegen entbehrt die daran sich anschliessende Unterhaltung über den jungen Grafen, in der Helena unbeteiligt erscheinen muss, völlig des Pathos; sie sollte wie Meas.

---

vow. Write this, I earnestly beseech you, to your dear son, my dearest master, that he may haste from the bloody course of war. Bless him at home, whilst I from far sanctify his name with zealous fervour, and bid him forgive me his labours. I sent him forth from courtly friends, to camp with foes, where death and danger dog at his heels! He is too good and fair for me and death, which I embrace, to set him free. Vgl. Dianas Brief V 3, 139 ff.

[1] 4 Verse weiter: „Go, hie thee, hie thee“, wie in unserer Scene V. 8/9: „Write, write, that .... may hie“.

III 2, 90 ff. und 235 ff., wo dieselbe Situation vorhanden, in Prosa abgefasst sein, muss also der Jugendbearbeitung zugewiesen werden. Auch in den Bemerkungen beim Aufzug der Truppen mit Bertram an der Spitze tritt tieferes Gefühl nicht hervor, ist der Vers mithin nicht am Platze; derselbe hat erst von 96 ab — bei der Fortführung der Handlung — seine Berechtigung.

III, 6.

Hinsichtlich seines Gefährten ist Bertram schon II 5 ernüchtert. Gegen Schluss dieser Scene geht er zu einem Gegenstande von tieferer Bedeutung und damit zum Blankvers über. 115—117 wird noch Prosa sein (look mit Acc. auch sonst in Prosa: Wiv. IV 2, 83). Das überflüssige „he" kann spätere Zuthat sein, vgl. III 7, 8. 17; aber beachte LLL IV 3, 1 und As IV 1, 100.

III, 7.

Inhaltlich ein Seitenstück zu Meas. III 1, 202 ff., aber Helena spricht im eigensten Interesse und mit voller Empfindung, der verkleidete Herzog hingegen ohne offenkundigen Anteil und rein verstandesmässig. S. die Bemerkung zu Rom. IV 1 unten.

IV, 1.

Parolles Überlistung ist eine Angelegenheit von komischem Charakter, welche sämtliche Beteiligte, wie in III 6 und IV 3 (s. u.), in Prosa besprechen sollten. Der Schluss der Scene (von 76 ab) wird der Jugendbearbeitung angehören.

IV, 2.

Pathetische Liebesscene.

IV, 3.

Die Lords unterhalten sich über Dinge, an denen sie keinen Herzensanteil haben. Daher ist auch die Meldung des Boten 89 ff. in Prosa abgefasst. — Man beachte, dass der „Dolmetscher" hier in Prosa mit Parolles verhandelt und dass Bertram auch bei den ärgsten Verleumdungen des Parolles in Prosa bleibt; damit ist diese Sache als heitere Episode gekennzeichnet, welcher der Blankvers in keinem Fall (vgl. IV 1) zukommt.

In dem „advertisement to a proper maid“ aus Parolles' Feder ist der Reimvers am Platze, das ist keine rein sachliche Mitteilung für einen speziellen Fall, wie Helenas Brief III 4, sondern eine allgemein gefasste Satire.

Der Schlussmonolog dieses Narren sollte ganz in Prosa oder doch in Reimversen abgefasst sein. Die Blankverse 366—70 deuten auf sehr frühe Entstehung. 373 ff. vgl. mit LLL I 2, 187 ff.

IV, 4.

Ähnlich III 7.

IV, 5.

Zuerst sind Lafeu und die Gräfin in nüchterne Betrachtungen versunken, ähnlich I 1, 7 ff. 72 ff. besprechen sie Lafeus Heiratsidee und die bevorstehende Ankunft des Königs und Bertrams in ruhig abwartender, passiver Haltung und kühlem Höflichkeitston.

V, 1.

In der Unterredung zwischen Helena und dem Gentleman fehlt es nicht an rechtem Pathos und eigentlicher Bewegung; aber beides tritt hinter dem umständlichen Phrasenschwulst so sehr zurück, dass man geneigt ist, diese Scene unserm Dichter ganz abzusprechen. S. d. Bem. zu I 2.

V, 3.

Zuerst pathetische Äusserungen des tief gekränkten, nun aber versöhnlich gestimmten Königs. Nach Bertrams Erscheinen lebhafte Verhandlung. Lafeus sarkastische Zwischenbemerkungen 148 f. und 176 f. sind beiseit zu sprechen, wie II 3, 92 ff., 99 ff. u. a.; sonst würden sie, wie diejenigen Hotspurs H 4 A III 1, 68 f., im Blankvers erscheinen, ihrer tieferen Bedeutung entsprechend. Anders 278 f., wo Lafeu rein witzig spricht. — In der Verhandlung mit Parolles geht der König erst 244 auf dessen Ton ein; 241 f. machen einen Vers aus. — Das Verhör 271 ff. erinnert an Meas. V 1, 171 ff., wo sich Prosa findet; hier giebt des Königs tiefe Erregung (282), dort des Herzogs nüchterne Auffassung (177) den Ton an. Indessen dürfte die Schlussscene zum grössten

Teil der Jugendbearbeitung angehören; vgl. zu I 2 und III 4.[1]

Die metrische Fassung von Lafeus scherzhafter Bemerkung 321 ff., wie u. a. Globe Ed. sie bietet, scheint allerdings unrichtig zu sein; 322 und 324 sind unregelmässig, 323 ist überhaupt kein Vers. — Das Citat aus dem Brief 313 f. ist frei, nicht wörtlich, also im Blankvers nicht anstössig.

Zur Raumersparnis mögen bei der Betrachtung der folgenden Dramen ausser den prosaischen Witzscenen auch die Blankvers-Partien, deren pathetischer Charakter offenbar ist, übergangen werden.

MEASURE FOR MEASURE.

I, 2.

128 ff. Die frivolen Prosabemerkungen Lucios 135 ff., 176 ff. und 192 ff. stehen ausserhalb der Verhandlung; was zu dieser gehört, ist metrisch abgefasst: 128, 147 f., 160, 198, sicher auch 141—45 (drei Reimverse, vgl. LLL I 1, 126 ff.) und vielleicht noch 178 „Send . . . to him“ (vgl. II 2, 92). Zu 197 können Lucios voraufgehende Worte „I will to her“ gezogen werden. — Mit jenen frivolen Glossen vergleiche man Jagos Worte Oth. I 1, 108 ff., ferner Lucios Rede an Isabella I 4, 27—29 (s. u.).

I, 3.

Verhandlung zwischen dem Herzog und Bruder Thomas: Herzenserguss und Fortschritt der Handlung. Anders Tw. II 1, s. oben.

I, 4.

Hier steht Lucio, im Gegensatz zu I 2, im Vordergrund einer leidenschaftlich bewegten Scene.

---

[1] Beachte den Reim 61 ff. und 314 ff.

II, 1.

Vgl. IV 4. Hier lebhafte Verhandlung mit tiefem persönlichem Anteil, dort nüchterne Erörterung, bei der Escalus thatsächlich, Angelo scheinbar unbeteiligt ist, ohne Fortschritt.

Beachte die Prosa in den gleichgültigen Reden 290 bis 293 und den wirksamen Übergang zum Blankvers 294.

II, 2.

1 f. Zur Handlung gehörige Dienermeldungen hier wie überall im bl. v., so wieder v. 18 und II 4, 18 (in Globe Ed. fälschlich Prosa).

II, 3.

Die ersten Worte des herzoglichen Mönchs an den Kerkermeister sind durchaus pathetisch. Anders die lediglich dem Scenenwechsel dienenden, in nüchternem Geschäftston vorgetragenen Bemerkungen III 1, 50 ff.,[1] wo schwerlich Verse zu lesen sind (Delius). Vgl. III 1, 177 ff.

Zu den gefühlvollen Unterredungen des Herzogs mit Juliet 19 ff. und Claudio III 1, 1 ff. steht die nüchterne Begrüssung, die er dem betrunkenen Barnardine IV 3, 53 ff. zu Teil werden lässt, in entschiedenem Gegensatz.

III, 1.

50 ff. s. unt. II 3.

Mit Vers 151 bricht der leidenschaftliche Kampf, den Isabella und Claudio für Ehre und Leben kämpfen, ab, und eine nüchterne Betrachtungsweise greift Platz, welche in einer Reihe von Unterredungen, die der verkleidete Herzog mit kluger Berechnung leitet, die Oberhand behält. Nüchtern gestimmt sind Claudio und Isabella von Z. 153 ab so gut wie nachher Lucio III 2, Escalus III 2 und der Kerkermeister IV 2. Claudio ist schwach, aber nicht roh. Es bedarf nicht erst der Mitteilungen des Herzogs 161 ff., um ihn zum Verzicht auf seine Rettung zu bringen; er hat bereits nach der schroffen Abweisung durch Isabella seine

[1] Zur Orientierung hätte Z. 161 genügt.

Fassung wiedergewonnen, und in völliger Resignation — oder Apathie — vernimmt er die Worte des Geistlichen. Isabella wird von dem Herzog im Blankvers begrüsst; aber ihre gelassene Haltung führt alsbald Prosa herbei, welche in der weiteren Verhandlung zwischen den beiden, dem rein verstandesmässigen Charakter derselben entsprechend, beibehalten wird[1]. Vgl. noch die Bemerkungen zu IV 1 und zu Rom. IV 1 unten.

III, 2.

Der Herzog spricht zu Elbow und Pompey je nach seiner ernsten oder komischen Auffassung der Situation im Bl.-Vers oder in Prosa.

Zu dem Gespräch mit Lucio siehe die Anmerkung zu All's III 5, 35 ff. oben. Lucio gegenüber legt sich der Herzog die grösste Reserve auf. Die Verteidigung seiner eigenen Person kann er als scheinbar Unbeteiligter nur in Prosa vorbringen. (Vgl. IV 3, 166 ff. und anderseits IV 2, 82 ff.). Ebenso Escalus gegenüber 235 ff. In der voraufgehenden Begrüssung kommt das persönliche Gefühl zum Ausdruck, dementsprechend Blankvers (227 und 228 ein Vers). 235 ff. vgl. mit I 3, 19 ff.

Escalus' Worte an den Kerkermeister 219 ff. enthalten, im Gegensatz zu II 1, 294 ff., keine tiefere Bewegung, nur eine nüchterne Betrachtung (ähnlich H5 III 6, 113 ff.) und dienen, wie III 1, 50 ff., lediglich zur scenischen Vermittlung. Der Blankvers würde ihnen eine nicht beabsichtigte Bedeutung geben. — Frau Overdone gegenüber spricht Escalus rhythmisch, aber — in Rücksicht auf die Situation und wohl auch im Gegensatz zu 20 ff. — nicht metrisch. Vgl. V 1, 349 ff.

IV, 1.

Der plötzliche Uebergang zu Prosa Z. 16 ist beachtenswert. Hier liegt derselbe Fall vor wie III 1, 50 ff. und III

[1] Das „Übergewicht des stofflichen, geschäftlichen Elementes“, womit Delius die Prosa hier erklären will, hat nichts zu bedeuten, ebensowenig „Vertraulichkeit“ (?) der Unterhandlung. Vgl. IV 1, 26 ff., IV 3, 70 ff. u. a. m., ferner d. Bem. zu Hml. II 1 S. 42.

2, 219 ff.: eine für das Gefühl und für die Handlung völlig gleichgültige Unterhaltung, die nur zum Scenenwechsel (Marianas Abgang) dient.

Den Vers von 26 ab vergleiche mit der Prosa III 1, 184 ff.: hier lebhafte Bewegung (Handlung!), dort nüchterne Erörterung (Ruhe!), hier führt das durch ihr kühnes Unternehmen in Erregung versetzte Mädchen das Wort, dort der klug berechnende, persönlich ganz unbeteiligte und durch Isabellas Haltung zur grössten Reserve gezwungene Geistliche.

IV, 2.

Bis 62 steht Pompeys Interesse im Vordergrund (Prosa), 63 geht der Kerkermeister wieder zum Ernst der Handlung über (bl. v.).

Lehrreich ist der Vergleich der Verspartie 82 ff. mit der Prosa III 2, 149 ff. und III 2, 269 ff. Lucio und Escalus zeigt sich der Herzog als der nüchtern-kritische, welterfahrene Geistliche, dem Kerkermeister als tröstender Beistand und mitempfindender Freund. Gegenüber Lucio, welcher seine Person angreift, und Escalus, welcher Angelos Gerechtigkeit rühmt, muss er an sich halten und sich auf kühle Gegenbemerkungen beschränken; dem Kerkermeister hingegen, welcher über Angelos „bitterness“ klagt, muss er gefühlvoll widersprechen und die entgegengesetzte Meinung mit Nachdruck einzuprägen suchen. In jenen Prosascenen endlich steht die Handlung still, sie sind der nüchternen Betrachtung gewidmet und nicht eigentlich „dramatisch“, während in der vorliegenden, wie in den meisten Scenen, an denen der Kerkermeister beteiligt ist, die Handlung fortschreitet und warmes Empfinden zu freiem, kräftigem Ausdruck gelangt. Die Ausnahme, IV 2, 132 ff., bestätigt die Regel. Hier redet nicht das Herz, sondern der Verstand, nicht der mitempfindende Freund, sondern der kluge Mönch. Dieser entwickelt, wie III 1, 202 ff., das persönliche Interesse sorgfältig verbergend, einen Plan zur Rettung Claudios, und der Kerkermeister geht, ähnlich wie Isabella, aber noch weniger beteiligt, gelassen darauf ein. Das Ganze ist ein trockenes Raisonnement, keine leidenschaftliche Debatte und bedeutet einen Stillstand. Ein Fortschritt wird erwogen, aber nicht beschlossen. Beachte die Schlussworte: „Yet you are amazed: but this shall resolve you. Come away.“ Thatsächlicher Fortschritt erst IV 3, 70 ff.

Ohne Erregung (das ist wichtig!) äussert sich der Kerkermeister bereits 118 ff. über den vom Messenger 105 ff. überbrachten Befehl. Dieselbe Stimmung wie IV 4, 1 ff. Ob jener Befehl im Vers oder in Prosa vorgetragen wird, und welche Redeweise besser am Platze wäre, lässt sich schwer entscheiden. Die Folio druckt Verse, die neueren Ausgaben meist Prosa. Die metrischen Unregelmässigkeiten wären nicht unerhört[1]. Indessen lässt sich der nüchterne Charakter der Rede nicht bestreiten, der in der gelassenen Haltung des Kerkermeisters (118 ff.) seine Erklärung findet. Ein Seitenstück dazu ist vielleicht Cymb. V 4, 199 f.

Vgl. noch Ado V 2, 97 ff. und H5 III 7, 135 f.

IV, 3.

Die Prosaworte 53 ff. sind unter II 3 charakterisiert. Vgl. Ado IV 1, 4 ff. — 60 ff. wie III 2, 20 ff.

70 ff. vergleiche mit III 2, 253 ff. (let me desire etc.) und mit der Prosascene IV 2, 132 ff. Hier ist das Gefühl in starker Erregung, die Handlung schreitet lebhaft fort; der energische Kerkermeister steht wieder im Vordergrund. Ein Seitenstück zu IV 1, 38 ff. (Isabella).

Lucios Erscheinen wirkt wie ein kalter Wasserstrahl. Isabella entfernt sich schweigend.

Die Unterredung 166 ff. ist eine Fortsetzung von III 2, 146 ff.

IV, 4.

Die Prosa ist unter II 1 besprochen. Vgl. IV 2, 118 ff. Nüchterne Erörterungen pflichtgetreuer Beamten. Angelos Auftrag 17 ff. wird mit Capell in Verse zu teilen sein.

V, 1.

Die prosaische Zwischenverhandlung 171 ff.[2] vergleiche mit All's V 3, 271 ff. (s. ob.) Der Herzog hat Isabella

---

[1] Vgl. König S. 35 oben und S. 60 unten.

[2] Delius' Verse sind auch metrisch anstössig.

gegenüber (121 ff.) leidenschaftliche Erregung simuliert (vgl. All's V 3, 283); Marianas Sache hingegen behandelt er in nüchternem Ton, nachdem er Angelo das Richteramt übergeben.

Lucios derbwitzige Glossen bei dieser Verhandlung sind in Prosa abgefasst,[1] im Gegensatz zu den metrischen Zwischenreden 74 ff., welche tiefere Bedeutung haben. Der Herzog geht nur 190/1 auf seinen Ton ein (Prosa).

In der ausserhalb der Hauptverhandlung stehenden, lächerlich gefärbten Privatunterredung zwischen Escalus und Lucio 261—281 ist die Prosa durchaus am Platze. 282/3 wird Vers zu lesen sein (here is). 284—288 Prosa wie vorhin. Aus dieser Stimmung heraus scheint Escalus den „notable fellow" (268), wofür er den Mönch hält, 289 in Prosa anzureden. Indessen liessen sich diese Worte gut in Verse umwandeln (mit Unterdrückung von you, König S. 40). Die Prosa 348 ff. spricht für die erstere Auffassung. Vgl. noch III 2, 201—18.

Nach der leidenschaftlichen Verhandlung 292—328 geht Lucio mit den Worten „Come hither, goodman baldpate" zu Prosa über. Dieselbe entspricht ebenso sehr der leidenschaftslosen Stimmung des frivolen Lucio, der hier das Wort hat, wie der reservierten Haltung, welche der verkleidete Herzog annehmen muss, um Lucio in die Falle zu locken.

Man beachte den Unterschied zwischen dem Blankvers des Escalus 307 ff. und seiner Prosa 348 ff. Dort tritt er mit edler Wärme gegen den Mönch auf, der Angelo und seinen Herrn angegriffen hat, hier behandelt er ihn, durch Lucios Reden ernüchtert, verächtlich als „fellow not to be talked withal". Ebenso ist Angelos Rede 346 f. zu beurteilen. 349 ff. vgl. mit III 2, 201 ff.

Dass Lucios Unsittlichkeit die schlimmste, sein Vergehen das grösste ist, sagt der Herzog selbst (504); dies geht aber auch aus dem Prosagebrauch von 509 bis 529 hervor.

---

[1] Daher kann 214 des Herzogs Ausruf „Sirrah, no more!" nicht mit den vorhergehenden Worten Lucios zu einem Verse verbunden werden!

Er ist selbst in dieser ernsten Stunde eines tieferen Gefühls nicht fähig, er ist verstockter als Angelo und selbst Barnardine. Angelo erbittet (zweimal) den Tod, Lucio hätte lieber eine Tracht Prügel.

An diese vier Lustspiele schliessen sich die Tragödien der sogen. Hamlet-Periode: Julius Caesar, Hamlet und Othello.

JULIUS CAESAR.

I, 1.

Flavius und Marullus werden durch die Witze der Handwerker nicht ernüchtert. Auch 20/1 wird daher metrisch zu lesen sein.[1]

I, 2.

218, 220 ff. S. Delius (p. 264) zu dieser Stelle. Unter bluntness ist Apathie, das Gegenteil von quick mettle (300), zu verstehen.[2] Der Ausdruck „Scurrilität" trifft nicht den Kern. Vgl. Hotspur H 4 A III 1, 156 ff. und Jaques As II 7.

II, 1.

Ob die Worte, die Brutus dem Brief 46 ff. entnimmt, Verse sind, ist zweifelhaft. Dann müsste im 47. Vers et cetera 4silbig gesprochen werden, vgl. aber V. 51 und Rom II 1, 38. Beachte auch die Prosa II 3, 1 ff. in Artemidorus' Warnung. — Metrische Form liesse sich nur durch die Annahme erklären, dass Brutus nicht genau abliest, sondern einige Sätze herausgreift und frei citiert, wie Aufidius Cor. I 2, 9 ff. und Helena All's III 2, 77.

III, 2.

Zu Brutus Prosarede bemerkt Delius: „Brutus soll durch die schmucklose Wahrheit seiner Worte wirken, Antonius aber soll diesen Eindruck überbieten und neutralisieren

---

[1] Vielleicht ist thou zu streichen. Vgl. 31.

[2] Vgl. Haml. III 4, 111 und die Bemerkung zu Hml. III 2 S. 44. Ähnlich Mcb. IV 3, 229.

durch den rednerischen Schmuck seiner durchaus auf den Effekt berechneten, kunstvoll arrangierten Worte." Dies trifft nicht zu und erklärt ausserdem nicht den Prosagebrauch. „Kunstvoll arrangiert" sind Brutus' Worte so gut wie die des Antonius, und für den „Effekt" ist die Anwendung von Vers oder Prosa ganz gleichgültig: hätte Brutus im Vers, Antonius in Prosa gesprochen, die Wirkung wäre genau dieselbe gewesen. Bei dem Volk kommt es nicht auf die Form, sondern auf den Inhalt, vor allem aber auf das letzte Wort an, vgl. H 6 B IV 8.

Der Prosa- und Versgebrauch ist m. E. weder im Stil noch im Inhalt der Reden begründet, vielmehr in der Stimmung der Redenden, in ihrem Verhältnis zum Gegenstand ihrer Rede und zur angeredeten Person. Zu Antony hat Brutus mit tiefem, freiem Gefühl im Blankvers gesprochen (III 1, 165 ff.):

> Though now we must appear bloody and cruel,
> . . . . yet see you but our hands:
> Our hearts you see not; they are pitiful;
> And *pity to the general wrong of Rome*
> *Hath done this deed* on Caesar.

Ist das nicht auch „schmucklose Wahrheit?" Zu Antony redet er ohne Umschweife, von ihm glaubt er sich ohne weiteres verstanden. Anders dem Volke gegenüber! Er ist Idealist. Er liebt „das Volk" in der Idee, aber er steht ihm kühl gegenüber in der Wirklichkeit. Begeistert steigt er auf die Rednerbühne, aber der Anblick der rohen Menge beengt und ernüchtert ihn. Was er vor Antony in so warmen Worten aussprach, das kann er hier nur rein verstandesmässig erörtern. Das Wort „Peace, freedom and liberty!" (110) bleibt ihm in der Kehle stecken, statt dessen giebt er einen mathematischen Beweis seiner Rechtschaffenheit.[1]

---

[1] Die neuerdings geäusserte Ansicht, Brutus rede in Prosa, weil er den Anschein erwecken will, als ob nicht eine leidenschaftliche Wallung, sondern kühle Erwägung die That veranlasst, verträgt sich nicht mit dem Sh.'schen Prosagebrauch. Vgl. z. B. die zahlreichen Versreden, in denen Jago Othello gegenüber als leidenschaftsfreier Vernunftsmensch erscheinen will!

Antony befindet sich in der entgegengesetzten Lage. Ihn drängt es, mit dem Volke selbst zu verhandeln und jedem Einzelnen ein Bild von Caesars Grösse und Herzensreinheit tief einzuprägen, und, zur Rednerbühne zugelassen, wird er durch nichts gehindert, seinem leidenschaftlichen Gefühl den kräftigsten Ausdruck zu verleihen. Vgl. Menenius Agrippa's Rede Cor. III 1, 282 ff. Die auf uns komisch wirkenden Worte der Bürger werden mit lebhafter Empfindung gesprochen und haben eine viel zu ernste Bedeutung, um in Prosa gedacht werden zu können. Z. 152 kommt Prosa auf[1] (Appell an den Egoismus!). Hier hat die Leidenschaft sich zur „Fassungslosigkeit" (vgl. 149 und 215!) gesteigert. Ebenso die Bürger in Cor. I 1 und die Bootsleute in Temp. I 1.

III, 3.

Die Komik des Pöbels steht im Vordergrund.[2]

V, 5.

Ob das kurze Intermezzo 15–18 prosaisch abgefasst und mithin rein komisch gedacht ist, lässt sich nicht feststellen. Vgl. H 4 B IV 3.

HAMLET.

Ueber I 5, 123 ff. (Sarkasmus) s. unter II 2.

II, 1.

In der Unterredung zwischen Polonius und Reynaldo ist der Blankvers wegen der aufrichtigen, lebhaften Empfindung, mit der ersterer seine Weisungen erteilt, durchaus am Platze.[3]

---

[1] Bis 264. Globe Edition mehrfach unrichtig.

[2] Delius sagt: „Eine mehr zur Charakteristik als zur Förderung der Handlung eingefügte Volksscene". Das erklärt nicht den Prosagebrauch!

[3] Z. 49 verliert Pol. den Faden, mit dem Pathos entweicht der Blankvers! In der folgenden Scene 111 ff. nimmt Pol. an einem brieflichen Ausdruck Hamlets Anstoss; da tritt ebenfalls das Pathos in den Hintergrund: Polonius' Urteil in Stilfragen hat eine rein lächerliche Bedeutung.

Man sieht, dass es auf das „Übergewicht des stofflichen Elements“ (S. 36 A. 1), womit Delius öfter Prosagebrauch motivieren will, sowie auf die Art der Darstellung im Einzelnen nicht ankommt. In Bezug auf die komische Färbung vgl. die Anmerkung zu Rom. I 5. — Prosa würde weder dem Charakter des Polonius noch der Situation entsprechen.

II, 2.

Siehe Delius' Anmerkung hierzu S. 260. „Satirische Hiebe“ können auch im Blankvers erteilt werden. Beispiele oben S. 1. „Satirische Anspielungen“ wie 243 ff. hat Hamlet schon seinen Freunden gegenüber I 5, 123 ff. gemacht, hier aber im Blankvers! Die Adresse, an die sie gerichtet, d. h. die Stimmung entscheidet. I 5, 123 ff. befindet sich Hamlet in tiefster Erregung, in der vorliegenden Scene hingegen in völliger Nüchternheit. Mit Polonius treibt er sein Spiel, mit Rosencrantz und Guildenstern kann er nicht warm werden. In diesen sieht er nicht Freunde und nicht Feinde, er steht ihnen kalt gegenüber. Gleich nach der Begrüssung geht er zu einem frivolen Ton über, die Unterhaltung wird rein verstandesmässig. So sind auch die Worte 293—299 wahrscheinlich[1], 304 ff. sicher ohne „tiefe Empfindung“ (Delius) zu sprechen. Hamlet betont an letzterer Stelle ja selbst, wie empfindungslos er allem gegenübersteht, was sonst den Menschen ergreift! Und er bringt das um so weniger mit Wärme oder gar „Pathos“ (Delius) vor, als er erkältend, nicht erwärmend auf die lästigen Inquisitoren wirken will. Er erreicht seinen Zweck vollkommen; die beiden hören kaum zu und nehmen die erste Gelegenheit wahr, Hamlet zu unterbrechen und das Gespräch auf die Schauspieler zu lenken! — Über Hamlets Stimmung in dieser Scene vgl. seine eigenen Worte III 2, 379 ff. Hamlet verhandelt weder mit Polonius noch mit diesen Scheinfreunden irgendwann im Blankvers; eine derartige Situation ist eben nicht „hoch dramatisch“, es kommt zu keinem leidenschaftlichen Erguss.

---

[1] Wendungen wie 280—3 und 290/1 deuten auf Ironie. Sonst könnte Troil. III 2, 97 ff. verglichen werden.

III, 1.

103 ff. Nach Ophelias Worten „There, my lord" tritt bei Hamlet das Empfinden völlig zurück, und der kalte schneidende Verstand ergreift das Wort. Auch Ophelia ist ihm fremd geworden! Um „Wahnsinn zu simulieren" (so Delius), braucht H. nicht in Prosa überzugehen. Vgl. Lear IV 6, 110 ff. und oben S. 8.

III, 2.

Siehe Delius' Anmerkung S. 260 unten. Für Hamlets Haltung von 98 ab beachte v. 95: „I must be idle", d. h. „ich muss thun, als ob ich nichts vorhätte".[1] Der König begrüsst ihn pathetisch, geht aber nach Hamlets Erwiderung zu nüchterner Prosarede über. Die Königin spricht 114 sicher ebenfalls im Blankvers zu Hamlet und erhält, wie es scheint, eine metrisch gefasste Antwort.

Nach der Entlarvung des Königs macht Hamlet, anstatt — im Sinne von 89 ff. — mit Horatios Hülfe zu energischem Handeln überzugehen, herbe Witze. — Vgl. III 4, 111 und die Anm. zu Caes. I 2.

In der darauf folgenden Prosaunterredung (vgl. II 2) scheinen Guildenstern und Rosencrantz auch ihre Botschaft in Prosa vorzubringen (323 f., 338 f.), womit ihre Verlegenheit charakterisiert würde. 323—25 können freilich als 2 Verse gelesen werden.

391 ist vielleicht Blankvers.

IV, 2.

Der veränderten Situation entsprechend redet Rosencrantz hier anfangs (5—8) im Blankvers, bis er von Hamlet einen neuen Wasserstrahl erhält.[2]

---

[1] idle hat nirgends bei Sh. die Bedeutung „wahnsinnig", auch Lear I 3, 16 nicht. Vgl. zu obiger Stelle noch III 4, 11.

[2] Die voraufgehenden Worte, die Hamlet für sich spricht, sind zweifellos metrisch gefasst. Die Überlieferung schwankt, Globe Ed. hat den Text von F und Qq combiniert. Wenn das richtig ist, muss „Hamlet" dreisilbig gesprochen werden. So vielleicht auch V 1, 287.

IV, 3.

Dem König gegenüber verhält sich H. wie III 2. Der Blankvers kommt erst V 2, 271 wieder auf. 48 ist in Globe Ed. fälschlich als Vers gedruckt. Hamlet wird nicht überrascht, cfr. III 4, 200.

IV, 4.

9 ff. vgl. mit Gentl. IV 1, 16 ff. In 13 ist Who zu betonen.

IV, 5.

Ophelia ist im Wahnsinn völlig leidenschaftslos, im Gegensatz zu Lear IV 6, 110 ff.! Dass die Zeugen ihres Wahnsinns im Jambus bleiben, versteht sich von selbst.[1] 178/9 ist ein sechsfüssiger Vers, wie wir ihn bei antithetischen Aussprüchen öfter finden, z. B. R 2 IV 1, 171 und Wiv. II 2, 215—6, ähnlich Cor. V 3, 128. S. König S. 117.

IV, 6.

Die Matrosen sind als komische Figuren gezeichnet (8—11) und reden dementsprechend in Prosa. Vielleicht wirkt ihre Erscheinung schon auf das voraufgehende Gespräch 1—3 ernüchternd, welches der Form nach eher Prosa als Vers ist. — Der „Stand" des Matrosen (Delius) ist sicher nicht der Grund des Prosagebrauchs; man höre seine Collegen Oth. I 3, 14 ff., Wint. III 3 und Tp. V 1, 221 ff. und vergleiche oben die Anmerkung zu H 5 IV 1.

V, 1.

Siehe Delius Bemerkung hierzu S. 261. Von „Accomodation an die Redeweise der Totengräber" (?) kann allerdings nicht die Rede sein, Hamlet unterhält sich anfangs ja ausschliesslich mit Horatio! Es handelt sich hier um Dinge, die Hamlet durchaus nüchtern, ohne Erregung, betrachtet. „My gorge rises at it" (206). Vgl. Meas. III 2, 235 ff.

V, 2.

Siehe Delius S. 262. In der Unterredung von 203 ab giebt Hamlets niedergeschlagene Stimmung den Ton an.

---

[1] Delius: „Isoliert und unverstanden, wie Ophelia in ihrem Kreise dasteht, behalten die Zeugen den Jambus bei" (!).

Ähnlich Cassio Oth. II 3 und Othello selbst IV 1, vgl. auch Claudio Meas. III 1, 173. „Auf alles gefasst sein" (234), das ist der Zustand völliger Leidenschaftslosigkeit. Delius spricht hier von „geschäftlichen Abmachungen"!

OTHELLO.

I, 1.

Delius (S. 262) lässt wieder das Moment, worauf es vor allem ankommt, ausser Acht, die Stimmung, die durch die Situation bedingt wird, oder den persönlichen Anteil. Hier ist Jago, im Gegensatz zu verschiedenen späteren Scenen mit Roderigo, leidenschaftlich erregt. Erst spricht er von seinem Verhältnis zu Othello, seinem Hass und seinen Absichten, dann reizt er Rod. zum Skandalieren und führt eine furchtbare Bewegung herbei. Ganz anders I 3, 302 ff., II 1 216 ff. und IV 2, 207 ff. Hier redet Jago scheinbar ganz unbeteiligt, lediglich im Interesse des ihm kühl gegenüberstehenden, herzlich unbedeutenden Roderigo, dessen Angelegenheit nur in nüchternem Prosaton erörtert werden kann. Dort heftige Wallung, hier vorsichtige Zurückhaltung; dort Handlung, hier Ruhe. Anders wieder II 3, 376 ff. Hier tritt Jago aus der Reserve heraus. Er hat seinen Zweck erreicht und braucht Rod. nicht mehr. Mit siegesfrohem Pathos ruft er ihm zu: „Thou know'st we (!) work by wit, and not by witchcraft . . . Does't not go well? . . . Content thyself awhile." — V 1 endlich wie I 1.

Den Übergang zur Prosa 108 hat Delius auch nicht richtig begründet, wenn er sagt: „Jago lässt seinem derbsten Cynismus freien Lauf und erlaubt sich Ausdrücke, die kaum in einen anständigen Blankvers sich fügen würden". Enthalten die Verse 88/89 etwa weniger Cynismus und mehr Anstand? Auf den „Anstand" kommt es Shakspere nirgends an und am wenigsten bei der Wahl zwischen Vers und Prosa! Diese Verse gehören einer leidenschaftlichen Verhandlung, jene Prosaworte hingegen einem nüchternen Intermezzo an, in welchem der herbe Witz — ohne Anteil des Herzens — sich äussert, wie bei Lucio Meas. I, 2 176 ff. — Im Gegensatz hierzu bleibt Roderigo als direkt Beteiligter und Handelnder im Blankvers (121 ff.) Vgl. noch I 2, 50 ff.

I, 2.

49 ff. vgl. mit Ant. II 6, 114 ff. Jago und Cassio stehen mitten in der Aktion, Enobarbus und Menas befinden sich in völliger Ruhe.

I, 3.

Der Prosagebrauch in der Rede des Herzogs 221 ff. ist keine so einfache, selbstverständliche Erscheinung, wie Delius annimmt. Auf den ersten Blick sollte man vielmehr Blankvers erwarten! Mit dem Übergang zur Angelegenheit des Staates ist, vom Standpunkt des Herzogs betrachtet, doch eher eine Steigerung als ein Zurücktreten des Pathos (gegen 199 ff.) verbunden; die Handlung gewinnt gerade hier „ein neues Moment" (Delius), eine Angelegenheit, welche den Herzog und den ganzen Rat vor Brabantios Erscheinen in fieberhafte Aufregung versetzt hat, kommt zur Sprache! Aber es fehlt die Bewegung auf beiden Seiten. Der Herzog redet — im Gegensatz zu 48 f.! — nicht aus eigenem Empfinden heraus, sondern im Namen einer höheren Macht[1] („opinion"); was er vorbringt, ist eine Mitteilung, keine Aufforderung, und der Mohr, dem ein Widerspruch überhaupt nicht zusteht, nimmt den „Erlass" um so ruhiger auf, als sein Herz mit ganz anderen Fragen beschäftigt ist. Dazu kommt noch, dass die Sache ihm keineswegs neu ist (48—9, I 2, 36 ff.) Es ist mithin ein rein formeller Akt, den der Dichter hier lediglich zur „scenischen Vermittlung" verwendet. Lehrreich ist die Gegenüberstellung von 48—49. — Vgl. noch Lear I 5, 1 ff. und III 7, 1 ff.

Jagos und Roderigos Prosa ist unter I 1 besprochen.

II, 1.

Den Anfang dieser Scene vergleiche mit Merch. III 1 und Wint. V 2. Abgesehen davon, das Montano nicht für

[1] Ähnlich Exeter in H 5 II 2, 145 ff.

„unbeteiligt" gelten kann, vollziehen sich hier die Ereignisse vor unsern Augen und Ohren (vgl. 1, 3, 16, 25), während sie dort als abgeschlossene Thatsachen bereits vorliegen. Die daran sich anknüpfende Erörterung muss im ersteren Fall leidenschaftlich, im letzteren nüchtern sein.

Die metrische Fassung von 101—18 ist bezeichnend für Jagos Stimmung und sein Verhältnis zu Emilia und zu den Frauen überhaupt. Gedanken, wie er I 3, 393 ff. und 403 f. ausgesprochen, spuken in seiner Seele.

Desdemona scheint ihn zunächst in pathetischem Blankvers[1] um ein Loblied zu bitten, schlägt dann aber, um ihre trübe Stimmung zu verbergen (123. 24), einen leichteren Scherzton (in Prosa) an, auf den Jago natürlich bereitwillig eingeht. Die meisten neueren Herausgeber drucken dessenungeachtet seine Rede 126—29 metrisch.[2]

Dagegen muss der erste Teil seines Aside, 168—72, ohne Zweifel als Vers gesprochen werden, wie 201^{b} ff., wo man die Prosafassung der Ff längst als falsch erkannt hat. Jago wird durch seine Beobachtung in die grösste Erregung versetzt.[3] Leidenschaftlich stösst er die Worte heraus:

He takes her by the palm: ay, well said, whisper:
With as little a web as this will I
Ensnare as great a fly as Cassio.
Ay, smile upon her, dó[4]: I' will gýve thee
In thine own courtesies.

Dann geht er, seines Erfolges sicher, in einen verächtlichen Ton über und witzelt über Cassios Manieren.

179—82 sind zwei Blankverse: The Moor . . . so. || Let's . . . comes!

Das Prosagespräch 216 ff. ist unter II 1 charakterisiert. 215 scheint an einen Diener gerichtet zu sein und ist vielleicht Blankvers.

---

[1] Ff lassen thou aus.

[2] Ff drucken hier richtig Prosa. Globe Ed. druckt auch 132 fälschlich als Vers.

[3] Vgl. die Verse des Enobarbus und Agrippa Ant. III 2, 50—59.

[4] So III 4, 183 „to" zweisilbig.

II, 2.

Vgl. Cor. II 1, 179 ff. und die Anm. zu H 6 A I 3.

II, 3.

13—29. Dieses Gespräch, in welchem Cassio kühl bleibt, vgl. mit Ant. II 2, 189—248. Die Einladung zum Gelage, welchem Cassio anfangs abgeneigt ist, bietet ebenfalls keinen Anlass zu pathetischer Auseinandersetzung.[1] Bei seinem Wiedererscheinen ist Cassio bereits betrunken und nicht im Stande, ernsten Gedanken (104 ff.) einen pathetischen Ausdruck zu verleihen. Montano redet nach seinem Fortgang (124) natürlich im Blankvers.[2]

260 ff. Cassio befindet sich in dem Zustand völliger Gefühlsohnmacht. Auch seine ersten Worte 262—65 sind kein „leidenschaftlicher Aufschrei" (Delius), das zeigt Jagos Antwort, die sicher auf Roderigos Ton abgestimmt ist. Vergleiche IV 1, 188 ff., wo Othello in ähnlicher Verfassung.

Cassio hört Jago auch 319 ff. gelassen an und bleibt bis zuletzt resigniert.[3] Die Stimmung ist nicht viel anders als in Meas. III 1, 203 ff.

Auch in Roderigos Prosa 369 ff. kommt (wie IV 2, 173 ff.) eine völlig deprimierte Stimmung zum Ausdruck. Über Jagos Verse vgl. die Anm. zu I 1.

III, 1.

Cassios Pathos wird durch den Clown abgeschwächt. Nur so kann diese Scene rein lächerlich wirken. Ebenso III 4, 1 ff. In L L L (III 1, 153 f. und 165 ff.) findet sich ein derartiger Prosagebrauch noch nicht. Vgl. noch All's II 2, 66 ff. (S. 28).

III, 2.

Vgl. Lear I 5, 1 ff. Othello ist aktiv, Lear passiv; dort herrscht lebhafte Bewegung, hier Ruhe.

---

[1] Delius spricht hier von einem „derben, cordialen Biedermannston" als Motiv der Prosaverwendung (!) und vergleicht die grundverschiedene Situation in 266 ff.

[2] In den meisten Ausgaben falsch.

[3] 306 ff. vgl. mit IV 2, 149 ff.

III, 4.

S. unter III 1.

IV, 1.

Siehe Delius S. 263 unten. — Für Othellos Stimmung nach Biancas Abgang sind seine Worte „My heart is turned to stone; I strike it, and it hurts my hand" bezeichnend. Schon 121, 125, 130 u. s. w. kommt dieselbe zum Ausdruck. Vgl. Cassio II 3, 260 ff. und die Bemerkung zu Troil. V 2, 116 ff.

Cassio geht erst bei dem ihm von Jago 118 f. nahegelegten Gedanken an eine Heirat mit Bianca zu verächtlicher Prosa über, welche er bei ihrem Erscheinen beibehält, und Bianca antwortet in demselben wegwerfenden Ton. Delius hat, wie bei Hml. IV 6, nur die „untergeordnete Stellung" (!) im Auge. Dass die „ihr zukommende Redeweise" auch der Blankvers sein kann, zeigt III 4, 169 ff. Vgl. ibid. 181 mit Z. 159 in der vorliegenden Scene. Dort eifersüchtige Liebe, hier beissender Spott über sich und Cassio; dort leidenschaftliches Herandrängen, hier kühle Abweisung. — Vgl. noch V 1, 74 ff.

IV, 2.

173 ff. siehe unter I 1 und II 3.

IV, 3.

Othello schlägt 7 ff. geflissentlich einen nüchternen Ton an. Vgl. 11.

Desdemona geht, von Lodovico sprechend, zu Prosa über, wie Cassio II 3, 18 ff.

Emilia redet auch 68/9 (wie 66 f.) in frivolem Witzton, hier liegt also kein Blankvers vor, wie die meisten Ausgaben bieten. Desdemona bleibt natürlich im Vers, den Em. erst 87 wieder aufnimmt. Mit 66—69 vgl. Lucios Rede Meas. V 1, 280 f. Auch hier wird nur auf einer Seite gewitzelt.

V, 1.

Jago und Roderigo in leidenschaftlicher Bewegung wie I 1. In solcher spricht auch Rod. (8—10) einen metrischen Monolog. Ebenso Bianca 74 ff. (s. ob.).

Wir kommen nunmehr zu den Stücken der sogen. „Lear-Periode“, welche wir in folgender Reihenfolge besprechen wollen: Lear, Macbeth, Coriolanus, Antony and Cleopatra, Troilus and Cressida.

KING LEAR.

I, 1.

1—34 wie All's I 1, Ado I 1 und Wint. I 1. Die Redenden stehen unter einander und zum Gegenstande ihrer Erörterung in einem kühlen Verhältnis.

286—312. Weder um einen „Gegensatz zu den vorhergehenden Liebesbeteuerungen zu bezeichnen“, noch um „kalte, nüchterne Berechnung auszudrücken“, wie Delius S. 265 annimmt, verwendet der Dichter hier Prosa. Als Gegensatz zu jenen heuchlerischen Reden, die G. und R. gehalten, wäre ein leidenschaftliches Hervorbrechen ihrer wahren Empfindungen im Blankvers ganz natürlich. Und sind nicht z. B. Jagos Monologe (Oth. I 3, II 1, II 3, V 1 u. a.) voll von Berechnungen? Die Prosa ist vielmehr in dem gänzlichen Mangel an Aktion begründet. Die Schwestern sind starr über das Gebahren ihres Vaters. Sie machen sich darauf gefasst, dass sie selbst solche „unconstant starts“ erleben werden; aber sie entwerfen noch keinen bestimmten Plan, gehen noch nicht zu leidenschaftlichem Handeln über. Sie machen sich kampfbereit, aber sie kämpfen noch nicht. Ein Konflikt ist möglich, ja, wahrscheinlich, aber noch nicht vorhanden. Das ist die Ruhe, die einem Gewitter voranzugehen pflegt! Vgl. I 4, 53—83. I 4, 76 = I 1, 311.

I, 2.

„Unter der Maske wohlwollender Biederherzigkeit“, womit Delius Edmunds Prosa begründen will, redet Jago im Blankvers zu Othello. Jago düpiert Othello, wie Edmund seinen Vater[1]; aber die Düpierten sind grundverschieden von

[1] Vgl. Lear I 2, 76 ff. mit Oth. III 3, 419 ff., Lear I 2, 94 mit Oth. III 3, 427, ferner Lear ibid 85 ff. mit Oth. ibid. 432 ff.

einander. Othello wird fast wahnsinnig vor leidenschaftlicher Erregung, Gloucester ist ohne weiteres „fertig“ mit dem „Schuft“, dessen Schuld ihm noch gar nicht einmal bewiesen ist, und stellt in dumpfer Resignation Betrachtungen darüber an, wie alles in der Natur und im menschlichen Leben ausser Rand und Band gerät.[1] Gloucester ist eine nüchterne, unbedeutende Natur, im Gegensatz zu Lear. Ein Seitenstück zu dieser Scene ist Ado III 2, 82 ff. (Don John und Claudio.)

In seinem Prosamonolog spricht Edmund nicht von seiner eigenen Angelegenheit (vgl. 195 ff.), sondern von der Thorheit seines Vaters, über den er sich weidlich lustig macht. Anders John I 1, 180 ff.

Die Prosa von 166 ab ist darin motiviert, dass Edmund in leichtem, nüchternem Ton seine Erzählung von der „vorübergehenden Verstimmung“ seines Vaters vorbringt und Edgar demgemäss seine ruhige Haltung bewahrt und nicht zur leidenschaftlichen Handlung schreitet. Edgar hält seinen Vater zu hoch, um dessen Verstimmung schwer zu nehmen, und ist zu harmlos, um eine Teufelei dahinter zu vermuten. Bezeichnend ist sein Ausruf 187 und Edmunds Bemerkung im Monolog 196 f.

I, 3.

Die Reden 1—3 sind schwerlich Prosa, wie einige Herausgeber (auch Delius) wohl wegen der metrischen Unregelmässigkeit[2] drucken. Goneril ist bei ihrem Auftreten bereits leidenschaftlich erregt. Ganz anders Lear in I 4, 54 ff.

I, 4.

Lear bleibt bis zu Gonerils Rede 220 ff. frei von tieferer Erregung. Dass er mit einem Manne, der sich als Diener anbietet, in Prosa verhandelt, versteht sich von selbst, ganz abgesehen von Kents „plainness“.[3] S. die Bemerkung zu

[1] Bezeichnend ist sein Schlusswort: „'Tis strange“ und Edmunds Bemerkung dazu.

[2] Der erste Vers geht wohl bis chiding, mit 2silb. Auftakt.

[3] Delius hebt wieder die „Stellung als einfacher Diener“ hervor! Ist Kent III 2, III 4 u. s. w. kein „einfacher Diener“?

Merch. II 2, 150 ff. Aber auch Oswalds Frechheit bringt ihn nicht mehr in Wallung als das Kläffen eines ungezogenen Hundes; als solchen betrachtet und behandelt er ihn. Vgl. Troil. II 3, 98. Die Äusserungen des Ritters endlich enthalten für Lear nichts Neues (72) und beruhen überdies nur auf Vermutungen, deren Bestätigung Lear ruhig abwarten will. Vgl. Bemerkung zu All's I 3. Dementsprechend wird auch seine Rede an Goneril 207—9 in nüchternem, reserviertem Ton zu sprechen und — mit Ff und Globe Ed. — als Prosa zu drucken sein.[1] Vgl. Othello IV 3, 7—9. Dagegen sind seine Worte 252—54 zweifellos Blankverse.[2]

I, 5.

Die Prosa 1—7 entspricht der Situation und der inneren Verfassung Lears. Der unglückliche König hat, im festen Vertrauen auf Regans Liebe, seine Ruhe wiedergewonnen. Die Übersendung von Briefen an sie durch Kent ist um so weniger mit einer leidenschaftlichen Wallung verknüpft, als ein Fortschritt der Handlung (d. i. Aufklärung Regans) dabei nicht beabsichtigt ist. Es ist ein blosser Höflichkeitsakt. — Der Dichter bezweckt damit nur eine Motivierung von Kents Abgang in dieser Scene und von seinem Erscheinen II 2. Von den Briefen ist später nicht mehr die Rede. Vgl. III 5. Delius nimmt an, dass Lear Kent zu Liebe in nüchternem Prosaton spricht! — Interessant ist der Vergleich mit Oth. III 2.

43/4 ist ein Blankvers, desgleichen 35. 36 und 52 Prosa wie I 4, 8.

II, 1.

Edmund kann Curans Berichte natürlich nicht anders als kühl aufnehmen, wie sie gegeben sind.

---

[1] Die meisten neueren Edd. drucken mit Qq Verse.

[2] Vielleicht ist zu lesen: I had *two* daughters, denn Regan hat sich ja noch nicht vergangen! Oder sollte nach persuaded ein Punkt zu setzen und mit I ... ein neuer (vom Clown fortgeführter) Satz zu beginnen sein? „Ich möchte erfahren, wer ich bin; denn die äusseren Zeichen der Herrscherwürde, Gedächtnis und Vernunft könnten mich doch trügen.“ In Ff fehlt diese Rede.

22 ff. Edmund und Edgar treten in Aktion. Leidenschaftliche Bewegung bis zum Schluss.

II, 2.

Die Behandlung, die Lear und Kent I 4 dem Hofmeister Gonerils haben zu Teil werden lassen (s. ob.), widerfährt demselben hier mit grösserem Nachdruck. Kent bleibt Oswald gegenüber so nüchtern wie Hotspur dem Schreiber des Briefes H 4 A II 3, 1 ff. Dass seine Prosa in seiner Stimmung (oder in Oswalds Charakter) und nicht in seiner „Grobheit" (Delius) begründet ist, zeigen Stellen wie 86 ff., 99 ff., Ado V 1, 91 ff., H 4 A III 1, 159 ff., Cor. I 1, 167 ff. und V 1, 31 ff. Vgl. noch die Bemerkung zu Cor. II 1.

In der Verhandlung mit Cornwall (76 ff.) geht Kent zum Blankvers über. Ingrimmig von dem Typus redend, welchen Oswald darstellt, schleudert er nun auch diesem Schurken, der durch Cornwalls Unterstützung so sehr an Bedeutung gewonnen hat, einige derbe Worte im Blankvers zu (86 ff.). Vgl. Cor. III 3, 120 ff. Nachdem aber Cornwall Kents Eigenart (seine „plainness") zum Gegenstand der Erörterung gemacht, tritt bei diesem die leidenschaftliche Erregung zurück. In bombastischer Rede[1] persifliert er die „silly ducking observants", und in einem Ton, in welchem sich ebenso sehr seine Gewissensreinheit (cfr. 108!) und Gemütsruhe wie seine Verachtung ausspricht, leuchtet er dem Herzog heim.

50/1, 54/5, 67/8 sind in Globe Ed. fälschlich als Prosa gedruckt.[2]

II, 4.

1—4 vgl. mit I 4, 53 ff. Unruhe und Handlung.

---

[1] Unter „dialekt" (115) ist nicht etwa „Prosa" zu verstehen, sondern Kents „plainness" (99—101). Diese wird von Cornwall „discommended". Kent hätte jene Persiflage auch in Prosa vorbringen können. Weder ist Bombast notwendig mit Blankvers noch „plainness" mit Prosa verknüpft; vgl. Ant. II 6, 80. Der Herzensanteil entscheidet. Derselbe schwindet 111 ff. bei Kent. Was ihm bevorsteht, ahnt er ja nicht!

[2] 50 ist what is, 57 I'm zu lesen, in 50 arms 2silbig.

61/2 wird mit Kents „None“ zu einem Senar zu verbinden sein.

III, 1.

Vgl. die Situation in Oth. II 1, 1 ff., anderseits IV 3, 1 ff., IV 7, 85 ff. und Ant. III 5. Weiteres im Kapitel IV (Unechte Fassungen).

III, 3.

Gloucester zeigt sich nüchtern abwartend und resigniert, ist eines kräftigen, leidenschaftlichen Wortes und Entschlusses nicht fähig. Es kommt noch hinzu, dass Gloucester in Edmund keinen Verbündeten von Bedeutung sieht. Edmund gilt als Null, wenigstens als passiv. Vgl. Curan II 1, 1 ff. Beachte den Widerspruch zwischen 5/6 („displeasure“) und 18 („die“). — Ähnlich ist die Situation in As I 1 und Tw. II 1.

III, 4.

Kent spricht 41 und 44 metrisch. Der Narr soll wohl auch in seiner Angst lächerlich bleiben; Kent wird der Humor ausgegangen sein.

49/50 sind sicher Verse, vgl. 66.

105 geht Lear zu Prosa über; beim Anblick Toms tritt das persönliche Gefühl zurück, und Lear geht zu allgemeinen Betrachtungen über (Hml. V 1). Diese Ernüchterung bezeichnet den Beginn des Wahnsinns, die leidenschaftliche Kraft ist gebrochen. Vgl. 167. Von 159 ab Herzensergüsse im Blankvers.

III, 5.

Hier wird das Resultat einer leidenschaftlichen Verhandlung zwischen Edmund und Cornwall dargestellt, nicht diese selbst. Mit den Worten „This is the letter . .“ (11 ff.) sagt Edmund ebenso wenig etwas Neues wie Cornwall mit seinen Erklärungen 18 ff. und 25 f. Nur für den Zuschauer sind sie neu und aufregend, für Cornwall und Edmund bedeutet diese Unterredung eine Ruhepause (6 ff. erinnern an I 1, 296—303). Aus demselben Grunde redet Cornwall III 7, 1 ff. in nüchternem Prosaton. Vgl. noch Oth. I 3, 221 ff. und Lear I 5.

III, 6.

1—6 ähnlich wie I 1, 1 ff.

Hier und in IV 6 entspricht der Prosa- und Versgebrauch in Lears Reden genau dem Pathos und Herzensanteil, mit dem dieselben vorgebracht werden. 48—50 geht Lear zu Prosa über, weil er sich — in der fingierten Gerichtssitzung — als Zeuge dem Könige gegenüber glaubt. 56 ff. redet er wieder leidenschaftlich als König, 80 ff. nüchtern untersuchend, dann Gleichgiltiges. 87—88 in Globe Ed. fälschlich Prosa.

III, 7.

Zu 1—3 und 6—13 s. die Bemerkung unter III 5. Orientierung des Zuschauers und scenische Vermittlung sind der Zweck solcher Scenen. — 3—6 sind dagegen metrisch zu fassen, das sind leidenschaftliche Ergüsse! 2 Blankverse.

IV, 1.

13—15 spricht der „alte Mann" natürlich, wie durchweg nachher, im Blankvers (in den meisten Ausgaben falsch). 19 = 47.

IV, 3.

Diese Scene ist in dem Kapitel von den „Unechten Fassungen" S. 104 behandelt.

IV, 6.

S. unter III 6. — 131 f. vgl. mit Hml. V 1, 221. — 136 wird Prosa sein, ebenfalls 176^{b}, 177 (so Cambr. Edd.). Zweifelhaft sind 188 f.

212 ff. wie Oth. II 1. Lebhafte Bewegung (212).

IV, 7.

85 ff. wie IV 3, 1 ff.

MACBETH.

II, 3.

24. 5. Macduff spricht hier sicher ohne Pathos, daher in Prosa. Der Rhythmus hat die Herausgeber getäuscht.

II, 4.

Ähnlich Oth. II 1. S. die Bemerkung dort.

IV, 2.

39 ff. Nicht „zunehmende Naivetät“ (Delius), sondern zunehmende Schalkhaftigkeit (vgl. 42) führt den Übergang zu Prosa in der Sprache des „Sohnes“ herbei. Übrigens geht schon Lady M. 38 zu Prosa über. 42/3 pathetisch. — Vgl. 44 ff. mit 83! — Kindliche Naivetät im Bl.-V. Wint. II 1.

V, 1.

Die anfangs nüchterne Unterredung zwischen dem Arzt und der Kammerfrau nimmt 16 ff. einen lebhafteren Charakter an. Mit der Lesung „report her after“ 16 (vgl. Ant. II 4, 2) bekäme man bis 21 glatte Verse; aber da der Arzt nicht weiss, um was es sich handelt, und die Dienerin fest entschlossen ist, Stillschweigen zu beobachten, so kann von einer „erregten Verhandlung“ hier nicht die Rede sein. Dass der Rhythmus dem Dichter hier wieder ganz zufällig entschlüpft ist, zeigt die unrhythmische Rede 22—24, in der mehr Erregung enthalten ist! Vgl. S. 20 A. 1. — Auch nachher scheinen die beiden in reserviertem Tone zu bleiben, bis Lady Macbeth abgeht.

Letztere spricht zweifellos in leidenschaftlichem Ton. Ihre Reden sind, bis auf die nüchterne Zwischenbemerkung 43—45, metrisch abzuteilen, etwa folgendermassen:

Out, damned spot! Out, I say! [Rubbing her hands.
{ One: two: why, then 'tis time to do't. Hell's murky!
Fie, my lord, fie! a soldier, and afeard?
What need we fear who knows it, when nóne can call
Our power to account?
The thane of Fife had a wife: where is she now?
What, will these hands never be clean? [Rubbing her hands.
{ No more o'that, my lord, no more o'that:
You mar all with this starting.
Here is the smell of the blood still. [Rubbing etc.
{ All the pérfumes of Arabia will not sweeten
This little hand. Oh, Oh, oh!
Wásh your hánds, put ón your níght-gown;
look nót so pále. —

I tell you yet again, Banquo is buried:
He cánnọt come oút on's gráve.
To bed, to bed! there's knocking at the gate:
Come, come, come, come, give me your hand. *To bed!*
What's done cannot be undone. — To bed, to bed!

Die Form dieser Verse ist sehr bezeichnend für die zu Grunde liegende Gemütsverfassung; vom metrischen Standpunkte sind sie unanfechtbar. Vgl. König S. 39.

CORIOLANUS.

I, 1.

1—29. Wie in Caes. III 2 und in Temp. I 1 wird hier wild und wüst durcheinander geredet. Völlige Fassungslosigkeit. Dieselbe tritt (30 ff.) mit dem Eingreifen des verständigen „zweiten Bürgers", der 15 ff. vom „ersten Bürger" überschrieen wird, zurück. Von hier ab vernunftmässige Auseinandersetzung zwischen den beiden Wortführern (prating 49). 47 ff. tritt ein neues Moment und vielleicht Blankvers ein:

I. Cit. What shouts are these? The other side o'the city
Is risen: why stay we prating here? to the Capitol!
All. Come, come.
I. Cit. Soft! who comes here?

Menenius Agrippas Erscheinen wirkt ernüchternd. Diesem Manne gegenüber fühlen sie sich klein und ohnmächtig. Die Prosareden des Wortführers drücken die Unfähigkeit aus, einen kräftigen leidenschaftlichen Ton anzuschlagen. Wären sie direkt an den Senat oder an Coriolan gerichtet, oder würden sie Men. Agrippa zur Übermittlung an den Senat vorgetragen, so wäre hier Blankvers — als der Ausdruck energischer, zur That schreitender Empfindung — am Platze; aber die Bürger stehen Men. Agrippa passiv gegenüber, sie reden erst, als er sie anspricht, und auch dann nur, um keine Antwort schuldig zu bleiben.

Durch Men. Agrippas Erzählung angeregt und gehoben

geht der 1. Bürger wahrscheinlich schon 109 zum Vers über.[1] — 161 ff. unter II 1.

I, 2.

9 ff. teilt Aufidius die Worte des Briefstellers aus dem Gedächtnis mit. „Reads“ vor V. 9 ist falsch. Wenn er abläse, stände Prosa. Bevor er den Brief herausholt (8), will er schon mit der Mitteilung des Inhalts beginnen („these are the words“ 7). Die Worte „I think I have . . is“ sind in Klammern zu setzen. Vgl. Troil. III 3, 96 ff. und Cymb. III 2.

I, 3.

1—28 und 75 bis zum Schluss steht Virgilia im Vordergrund. Ihrer deprimierten, leidenschaftslosen Stimmung entspricht der nüchterne Prosaton, in dem Volumnia und Valeria sie aufzurichten suchen. Volumnia bekämpft mit Mühe den Ausbruch ihres leidenschaftlichen Empfindens. 31 ff. gewinnt dieses die Oberhand. An Virgilias Schmerz und dessen Linderung (1 ff.) denkt sie nicht mehr.

29 und 30 sind Prosa.

Die nur zu Virgilias Trost nebenbei vorgebrachte Mitteilung 107 ff. hat keinen pathetischen Charakter.

Man sieht an dieser Stelle und an der Rede 6 ff. deutlich, dass nicht der Inhalt, sondern die Situation über die Redeform entscheidet.

Delius' Bemerkung (S. 268)[2] trifft nicht den Kern. Malt Volumnia 14 ff. das Bild des heimkehrenden Sohnes nicht auch „in der Ekstase ihres mütterlichen Stolzes“?

I, 5.

1—4 Episode mit komischer Färbung, Prosa.

II, 1.

Vgl. 41 ff. mit I 1, 167 ff. Coriolan redet mit glühendem Hass zum Volk, das ihm als Todfeind gegenübersteht;

---

[1] „Well, sir“, kann zu 108 gezogen werden.

[2] „Die intime Unterhaltung wird in vertraulicher, häusliche Angelegenheiten (!) besprechender Conversation geführt. Nur wenn Volumnia in der Ekstase ihres mütterlichen Stolzes sich das Bild ihres Sohnes . . . . ausmalt, erhebt sie sich zum Blankvers“.

Men. Agrippa hingegen äussert sich mit nüchterner Geringschätzung (mocking), ihn trifft der Groll der Plebejer nicht, er kann sich in ruhigem Behagen über sie lustig machen. Wie Coriolan an jener Stelle, so würde auch Lear I 4, 85 ff. zu Oswald im Blankvers sprechen, wenn er in diesem einen Todfeind erblickte; ebenso Kent II 2. — I 1, 161 ff. dagegen redet Men. Agrippa als Patrizier, durch die Nutzanwendung seiner Erzählung in feindlichen Gegensatz zum Volk gebracht.

In lustiger Stimmung begrüsst er die Frauen 107 ff., das Pathos derselben wird gedämpft, und in reserviertem Prosaton erörtern sie mit dem vor Freude fast ausgelassenen Freunde die Einzelheiten des grossen Ereignisses. Eine tiefere Bezugnahme fehlt. Men. Agr. steht im Vordergrund. Anders 200 ff.

179 ff. vgl. mit Oth. II 2.

II, 3.

1 ff. Nüchternes, halb lächerliches „reasoning“. Delius' Ausdruck „plebejische Prosa“ ist zurückzuweisen.

Coriolan redet erst mit grösster Zurückhaltung zum Volk. Er ringt mit den Worten. Nachdem er halb durchgedrungen, schwindet der Druck von seiner Seele (131), und er gewinnt es über sich, Pathos zu simulieren. Delius spricht wieder von der „Sprache der Bürger“, der Coriolan sich anfangs „akkomodiert“, um ihre Stimmen zu erlangen. Und doch gewinnt Coriolan mit 5 Blankversen mehr als mit 15 Zeilen Prosa! Akkomodation findet von Seiten des Volkes, nicht des Helden, statt. Das „politische Interesse“, womit Delius selbst den Blankvers von 164 ab gerechtfertigt findet, liegt doch auch hier vor!

III, 1.

Menenius' Rede 282 ff. vgl. mit Antonius' Caes. III 2. Men. spricht frei heraus, im Gegensatz zu Brutus in Caes. ibid.

III, 3.

75, 106 f., 119, vielleicht auch 137, Prosa wie I 1 und Caes. III 2, 152 ff. S. dort.

141 ist vielleicht zu lesen (mit Umstellung von come come):

Come; let us see him out at gates; come, come.

Der zweite Teil der Rede, 142, deutet auf metrische Fassung.

IV, 3.

Wie All's IV 3, 7 ff., Ant. II 6, 85 ff. u. ö.

IV, 5.

7 ff. Die Diener sind als komische Figuren gezeichnet. Vgl. dagegen die Schildwachen V 2, 1 ff. Coriolan spricht vor 41 pathetisch, dann mit bitterm Witz bis 53. 35 6 ist sicher Vers (sechsfüssig?), wie 54.

IV, 6.

139 ff. vgl. mit Caes. III 2, 113 ff., wo die Bürger mit aufrichtiger Empfindung sprechen. Hier entbehren die Reden der Plebejer mit ihren lächerlichen Widersprüchen völlig des Pathos. Die Prosa wird schon 139 (For mine own part) beginnen.

Dass der Dichter die Plebs nicht schon in Caes. III 2, 113 ff. als komische Figur gezeichnet hat, ist lehrreich.

V, 2.

24 ff. Von hier ab nehmen die Soldaten Menenius leicht. Beachte 47. In dieser verächtlichen Meinung der Wachen, sowie in dem Bestreben des Menenius, ihnen mit einer erfolgreichen Ansprache an Coriolan gründlich zu imponieren und heimzuleuchten, ist die Prosa von 73 ab begründet. Bezeichnend ist die Schlusswendung 83—85. Man denke sich die beiden Männer allein; ohne Zweifel würde Menenius seinem dann ungeteilten Empfinden einen leidenschaftlichen Ausdruck im Blankvers geben. Durch die Anwesenheit der ihn so gründlich verkennenden Soldaten bekommt er gleichzeitig ein Gefühl der Sicherheit und Ruhe (im Gegensatz zu V 1!), das nur in Prosa wiedergegeben werden kann. — Vgl. Claudio in Ado II 1, 317 ff. und besonders Borachio Ado V 1, 236 ff. (S. 13).

101 ff. wie 24 ff. Menenius antwortet wie Kent Lear II 2, 15 ff., Gower H 5 V 1, 73 ff. und Hotspur H 4 A II, 3, 3 ff.

115 ff. wie II 2, 1 ff.

V, 4.

Menenius ist völlig apathisch. Die Anwesenheit des Tribunen ist ohne Belang, zu jedem anderen würde Men. ebenso sprechen.[1] Sicinius zweifelt noch; vielleicht geht dieser erst 27 zu Prosa über und redet 9/10 metrisch. Dann wäre V. 9 „Is it" zu lesen. — Mit 18—26 vgl. V 1, 63 ff.

ANTONY AND CLEOPATRA.

I, 1.

1 ff. und 56 ff. Antonius' Freunde besprechen in zitternder Erregung den Liebeswahnsinn des Helden und das Unheil, das sich vor ihren Augen (10 ff.) daraus entwickelt. Ganz anders Kent und Gloucester Lear I 1 und Camillo und Archidamus Wint. I 1. Hier ist nicht von einem ergreifenden Konflikt, sondern von Thatsachen, die das Herz kühl lassen, die Rede. — Wie jene Freunde, so äussert sich auch der getreue Enobarbus II 2, 196 ff. mit tiefer Empfindung über Cleopatras Schönheit Mecaenas und Agrippa gegenüber. Zu dem freundschaftlichen Interesse kommt bei diesen Männern noch das politische hinzu.

Vgl. Enobarbus' Prosa I 2, 167 ff., II 6, 116 ff. und III 5, 1 ff. An der ersten Stelle giebt er geflissentlich „light answers" (183), sein wahres Empfinden kann und will er nicht offenbaren. An der zweiten erwägt er mit Menas (Pompejus' Freund) ganz nüchtern die wahrscheinlichen Folgen von Antonius' Vermählung. Resignation und Sarkasmus drücken sich in seinen Worten aus. Vgl. Menenius Cor. V 4. In der letztgenannten Scene hört er anfangs gelassen den

---

[1] Vgl. Enobarbus Ant. II 6, 116 ff. (Bemerkung zu Ant. I 1).

trocknen Bericht des Eros an, dessen erster Teil ihm schon bekannt ist; aber die ungeheure Bedeutung der neuen Sachlage erkennend, erschüttert und gehoben zugleich von dem Gedanken an den bevorstehenden Weltkrieg, macht er in leidenschaftlichen Worten seinem Herzen Luft.[1]

I, 2.

S. Delius' Bemerkung S. 267.

167 ff. s. unter I 1. Von 137 ab redet Enobarbus in Prosa, 135 ist „What is" zu lesen. Antonius bleibt in Erregung und im Blankvers. So ist auch 150 metrisch zu fassen („She's"). Die Mitteilung von Fulvias Tod kann Enobarbus nicht gelassen aufnehmen; er fasst sich aber schnell. 162—166 sind mithin Verse, vielleicht 1 Blankvers und 1 Kurzvers:

Fúlvia's deád.
Sir?
Fúlviá is deád.
Fúlvia!
Deád.

Vgl. Lear II 3, 15 ff. und Caes. IV 3, 148 f., auch Gentl. III 1, 193 ff.

V. 203 umfasst natürlich noch Enobarbus' Worte. Stand vor I noch ein I = Ay?

II, 2.

Enobarbus' Glossen 65 f., 103 ff. u. s. w. wie I 2, 137 ff. In dieser Gesellschaft muss er sich passiv verhalten und einen reservierten Ton anschlagen. Dagegen kann er Pompejus (II 6, 70 ff.) und Agrippa (III 2, 51 ff.) gegenüber frei heraus reden und seine bittere Empfindung zum kräftigen Ausdruck bringen; vgl. Hotspur H 4 A III 1, 68 ff. und Nestor und Diomedes Troil. II 3, 210 ff. Ebenso ist II 7, 96 als Vers zu fassen. Vgl. noch Temp. V 1, 264 ff.

---

[1] Delius nennt dies Pathos „humoristisch gefärbt" (?). Wenn E. dasselbe nur simulierte, thatsächlich also in nüchterner Betrachtungsweise verharrte, würde Eros 17 ff. in demselben trocknen Tone fortfahren, den er vorher angeschlagen. „Humoristisches Pathos" gehört auch nicht in den Blankvers. Anders III 2, 7 ff.

174 ff. = II 6, 85 ff. Vgl. Delius S. 267.

Zu 196 ff. s. oben unter I 1.

II, 6.

70 ff. s. unter II 2. Die voraufgehende Auseinandersetzung (61—69) zwischen Pompejus und Antonius, die Ff als Prosa geben, ist von den späteren Herausgebern mit Recht in Verse umgewandelt worden. V. 63 wird bis lot gehen, 64 die Wörter „but, first" noch mit umfassen. — Dagegen ist der metrische Charakter von 84 f., Menas' Aside, übersehen worden.

Thy fáther, Pómpey, would né'er have máde this treáty.

113 ff. ist unter I 1 besprochen. Vorher leichter Scherzton wie II 2, 174 ff.

II, 7.

Die Worte 94 ff. sollen wohl mit tieferem Anteil und daher metrisch gesprochen werden wie III 2, 51 ff. Dann würde 96 bis „see'st not?" gehen.

III, 2.

7 ff. wird Lepidus citiert.

51 ff. s. unter II 2. Vgl. den Gedankenaustausch 1 ff. und II 2, 196-238.[1] Ebenso Enobarbus' Aside III 7, 7 ff.

III, 5.

S. unter I 1.

IV, 3.

Vgl. IV 9, 1—5 und H 5 IV 1, 87 ff. (S. 16).

IV, 9.

1—5. Lebhafte Bewegung wie IV 3.

V, 2.

Cleopatra wird durch die Scherze des Clowns nicht berührt, so wenig wie Antonius durch Enobarbus' Worte I 2, 137 ff. 249 ist mithin, wie die folgenden Reden der Cleopatra, metrisch zu fassen. Nur 269 tritt das Pathos zurück.

---

[1] Zwischen diesen beiden Männern besteht eine tiefere Sympathie.

TROILUS AND CRESSIDA.

I, 1.

S. Delius S. 270. 74/5 in Globe Ed. fälschlich Prosa.

I, 2.

S. Delius. Cressida geht in einen witzigen Ton über, 15/6 sind Verse (so Capell).

Man beachte, dass Pandarus selbst 247 ff. nicht im pathetischen Blankvers spricht. Vgl. III 1, 46 ff. und IV 2, 95 ff. Pandarus erscheint durchweg lächerlich.

Zu Cressidas Prosa vgl. 312 und 321.

Die Botschaft des Dieners 297. 300 ist ohne Bedeutung. Sie dient nur zur Entfernung des Pandarus. Ähnlich III 2, 1 ff.

II, 1.

60—62 sind 2 Verse. Vgl. V 1, 4/5; anders II 3, 44! — Ajax scheint in dem voraufgehenden Streit zwischen Vers (11 f.? 22? 27?) und Prosa (15. 16) zu schwanken.

II, 3.

Ajax' Prosa 93—97 wird durch Nestors Rede 98 („bay") charakterisiert. Es ist das ohnmächtige „Bellen" eines wütenden Hundes, nicht das leidenschaftliche Wettern eines Helden. Vgl. I 2, 23: „His valour is crushed into folly".

Die Unterredung 98—111 trägt einen witzigen Charakter, Ulysses' Worte 113—15 dagegen einen pathetischen. Die in QFf überlieferten Verse werden durch Fortlassung des zweiten „legs" glatt. Vgl. 210 f. und Ant. III 2, 51 ff.

Zu 151—170 bemerkt Delius: „Hier mag die unverhohlene Ironie die Wahl der Prosa mit veranlasst haben". Dieselbe „Ironie" findet sich in den Versen 251 ff.; aber die Situation ist ganz anders. Während des ersteren Gespräches weilt Ulysses bei Achilles, man hofft, diesen noch zu gewinnen, und denkt noch nicht an Ajax' Beistand: man amüsiert sich mit diesem Tölpel. Nachdem Ulysses unverrichteter Sache zurückgekehrt, wird die Situation kritisch, die Stimmung erregt, die Rede bedeutungsvoll und nachdrücklich. So erklärt sich der Vers 251 ff.[1] Dementsprechend sind auch die Bemerkungen 210 f. über Ulysses' Erfolg im Blankvers abgefasst, im Gegensatz zu 98 ff.

Ajax sinkt nach einer kurzen Aufwallung (212 ff.) wieder in die dumpfe Gemütsverfassung von 93 ff. zurück. „He's not yet through warm" (232). Die anderen knüpfen an seine Wutausbrüche scherzhafte Glossen,[2] wie Sebastian und Antonio an Gonzalos Reden Temp. II 1 (S. 73). — Ob Ajax schon 244 umgestimmt wird, ist zweifelhaft. — 247—50 sind wohl 2 Blankverse. 246 ohne Auftakt, 248 Ay,͡ or súrly.

III, 2.

1—5 wie I 2, 297 ff., s. dort.

17 f. wird Prosa sein wie 31 ff.

57. Troilus scheint beim Anblick Cressidas in einen Zustand der Verzückung zu geraten und in Prosa zu sprechen[3] (cf. 35—38). Cressida ist, ihrem Vorsatz I 2, 312 ff. getreu, kühl gegen ihn. Vgl. 124 ff. Ihr nüchterner Ton drängt bei Troilus die mächtige Bewegung zurück.[4] Selbst die aus tiefer persönlicher Empfindung quellenden Worte 97 ff. vermag er nur in reserviertem Ton, mit allgemeiner Fassung, vorzubringen.[5] Ähnlich 115. 116.

III, 3.

96 ff. Ulysses trägt den Inhalt des Briefes dem Sinne nach vor wie Aufidius in Cor. I 2.

---

[1] Hier lebhafte Verhandlung, dort leichte Conversation. Beachte besonders 232.

[2] Bis 230. Vielleicht geht Nestor 232 zum Vers über (= 210). He is u. s. w.... || Pour ín, pour ín; hís ambítion is drý. Sicher ist die Unterredung von 235 ab metrisch. 236 Our 2silbig. König S. 61.

[3] „words" liesse sich ja 2silbig lesen; aber derartige Zerdehnungen kommen schwerlich an Stellen vor, wo sie so leicht zu vermeiden sind wie hier (durch my lady od. ä.). Anders Claudio in Ado II 1, 317 ff.

[4] 65/6 ist wohl noch voll Pathos zu sprechen und als Blankvers zu fassen; vielleicht Cressid statt Cressida.

[5] Der Schluss der Rede von „Few words" ab lässt sich allerdings in vier glatte Verse umwandeln: Few ... such || To ... worst || Shall.... what truth || Can ..... Troilus. Die Situation spricht aber gegen diese Annahme.

301 und 307 sind im Hinblick auf 311 wohl als Blankverse zu sprechen. Anders Desdemona Oth. III 4.

IV, 2.

47—48 spricht Pandarus sicher ohne Erregung und nicht anders als vorher und nachher, also in Prosa. 56—59 leichter Scherzton.

Wie 21, 26, 30 und 35, so sind auch die nach Troilus' Abgang von Cressida an ihren Oheim gerichteten Reden metrisch zu fassen, von 80 bis 94.[1] In V. 84 muss „gone!", wenn es nicht zu 83 gehört, den ersten Fuss ausfüllen. 93 scheint bis zum ersten „you" zu gehen, den Schluss des Verses bildet „kneeling down".[2] In 80 und 88 ist „what is" zu lesen, vielleicht auch in 94, wenn der Text in Q richtig ist.

IV, 5.

Die scherzhaft gewendeten Reden 20—52 enthalten zu viel ernstes Empfinden, als dass Prosa hier am Platze wäre. Die Frivolität hat keinen witzigen, sondern einen bitterernsten Charakter. Auf beiden Seiten herrscht Erregung; die Handlung erhält ein neues Moment. Ganz anders LLL II 1, 120 ff. und 184 ff. — Der Reim ist bezeichnend. 48 wird „Why, then, *do*" zu lesen sein, vorher „I *shall* desire it".

V, 2.

Vgl. Troilus 6 ff. und 116 ff. mit Othello IV 1, 110 ff. und 178 ff. Troilus giebt seinem Schmerz Ausdruck, Othello ist empfindungslos, nur ein Gedanke erfüllt ihn: „Wie soll ich sie töten?" — Troilus' Haltung 116 ff. ist charakteristisch für Shaksperes damalige Stimmung. Vgl. V 3, 100.

19 ist wohl Troil. zuzuteilen. 75 und 136 fälschlich Verse in Globe Ed.

Von den letzten Stücken unseres Dichters kommen in diesem Kapitel folgende in Betracht: Cymbeline, The Winter's Tale und The Tempest. Henry VIII wird im 4. Kap. zu besprechen sein.

[1] So auch Delius in seiner Ausgabe.

[2] Oder I beseech you 94 ist mit Q zu streichen.

CYMBELINE.

I, 1.

1—69 s. im 4. Kapitel („Unechte Fassungen").

Vgl. Lear I 1, Wint. I 1 und V 2.

Überall nüchterne Erörterung von Thatsachen durch Unbeteiligte. Völlige Ruhe.

I, 4.

In Posthumus' Prosa 154 ff. drückt sich die hochgradige Apathie aus, mit der er dem Ausgang der Sache entgegensieht. Er zweifelt so wenig an der Reinheit seiner Gattin, dass nicht die geringste Wallung in ihm entsteht. Vgl. II 4, 1 ff. und 48. Die Gewissheit eines Duells mit Jachimo regt ihn nicht auf. Die Worte 170–72 „If you .... our debate" gehen mithin auf einen irrationalen Fall, der dem zweiten, von P. als sicher angenommenen nur zu rhetorischer Ausschmückung gegenübergestellt ist.[1] Wäre P. selbst im Zweifel, so hätte die Herausforderung zum Zweikampf keinen Sinn. Dass er Jachimo nicht sofort zu Leibe geht, ist darin begründet, dass Jachimo seine Behauptung sine ira et studio, lediglich seiner Theorie zu Liebe, aufgestellt hat. Wenn er aber einen Angriff auf Imogen ausgeführt hat, erhält die Sache eine tiefe persönliche Bedeutung für beide Männer. — Vgl. 170—176 mit II 4, 56—61, wo genau dasselbe, aber in fieberhafter Spannung (in Folge von 43 ff.), vorgebracht wird.

II, 3.

Clotens Prosa 40–45 fliesst noch aus der nüchternen Stimmung, in der er vor dem Auftreten seiner Eltern war. Durch diese in Erregung versetzt, geht er zu bedeutungsvoller Handlung und zum Blankvers über (69 ff.). Seine Erscheinung ist lächerlich, dafür trifft Delius' Ausdruck „prinzlicher Clown" wohl zu; aber sein Empfinden ist bitterernst und seine Stellung viel zu bedeutend, als dass seine

---

[1] Delius nennt das einen „concentrierten Ausdruck der Leidenschaft"!

Prosa als „Clown-Prosa“ (Delius) bezeichnet werden dürfte. Insofern ist er der Plebs in Cor. vergleichbar.

III, 1.

34 ff. Zwischenreden von rein komischem Gepräge. An dem Pathos seiner Eltern nimmt Cloten nicht Teil. Vgl. Enobarbus Ant. II 2. In dieser Angelegenheit spielt Cloten allerdings nur die Rolle eines Witzmachers. Anders III 5, 13 f. und 19 f. Sollten diese Worte Cymbeline zuzuteilen sein (20 „our“ statt your?)? Oder 13 f. Cymbeline, 18 f. ebenfalls dem König, 19 f. der Königin? V. 9 nimmt man ein ähnliches Versehen an.

III, 2.

Die Worte aus dem Briefe 17 ff. wie Troil. III 3, 96 ff. und Cor. I 2, 9 ff. „Reading“[1] ist falsch. Vgl. den Wortlaut des Briefes III 4, 21 ff.

III, 5.

Clotens Worte in der politischen Verhandlung s. unter III 1. Nachher erscheint er in leidenschaftlicher Erregung. Imogen ist verschwunden. Er liebt sie, er will ihr nach und sich rächen. Den Monolog, in dem er diesen Gefühlen Ausdruck giebt (70 ff.), vergleiche man mit dem nächstfolgenden 136 ff. Sein Zorn ist verraucht. Mit lüsternem Behagen, des Sieges gewiss, malt er sich die bevorstehende Scene in allen Einzelheiten aus. „I'll be merry in my revenge.“ Das trägt er mit „merriness“ vor, keineswegs mit dem „Schwung leidenschaftlichster Rachsucht“ (Delius). Ebenso IV 1. „Leidenschaftliche Rachsucht“ drückt sich vielmehr in seinen Blankversen an Pisanio 80—107 aus. Dies nennt Delius die „Emphase eines verschmähten Liebhabers“ (?). Clotens Wallung dauert bis 108. Dann ist sein Plan gefasst. Er nimmt Pisanio zum Diener und lässt sich Posthumus' Kleider bringen. Delius sagt: „Hier kommt der ganze Clown zum Vorschein, daher Prosa“. Aber Cl. erscheint hier um nichts lächerlicher als in den meisten seiner Bl.-Verse. Die Prosa ist in seinem Seelenzustand begründet.

---

[1] Nicht in Ff.

IV, 1.

Wie III 5, 133 ff.

IV, 2.

62 f. anders als IV 1. Neue Erregung.

70—100 leidenschaftliche Verhandlung. Anders Kent und Oswald Lear II 2.

V, 4.

1 f. In den Blankversen der Wärter spricht sich der Hass gegen den Römer aus.

199 ff. Der Bote schlägt, angesichts der humoristisch gestimmten Gesellschaft, einen nüchternen Ton an, in dem Posthumus auch Antwort erteilt. Vgl. Meas. IV 2, 105 ff. (S. 38). Übrigens legen die Worte des Posthumus die Vermutung nahe, dass der Bote ihm vor 199 einen Brief — mit der Nachricht von seiner Befreiung — überreicht, so dass die Rede desselben 199 f. vollends an Bedeutung verliert.

THE WINTER'S TALE.

I, 1.

S. unter Cymb. I 1.

II, 1.

1—7 warme Empfindung. Auf die Frage „And why so, my lord?" scheint Mamillius in demselben Prosaton zu antworten, der sich Mcb. IV 2 bei Macduffs Sohn findet. Mit Einschiebung der Worte „they say" (8), welche gegenüber 11ᵇ und 12 sinnlos sind, wird die Prosarede nachträglich in Verse umgewandelt sein.[1] Von „Hark ye" (15) ab herrscht wieder eine pathetische Stimmung. Die Worte 16—19 erinnern an Mcb. IV 2, 30 f. Das ist der warme Ton reiner Kindlichkeit.

---

[1] Mamillius' Frage 13 zeigt, dass er einen Schelm im Nacken hat.

III, 2.

Der „Officer" nimmt 125 ff., wie der Herold in Lear V 3, 119 ff., an der Verhandlung und somit auch an der leidenschaftlichen Stimmung Teil; 9 f. hingegen wiederholt er nur Leontes' Befehl pro forma, wie Exeter in Henry 5 II 2, 145 ff. Hier wird Prosa zu lesen sein.

IV, 2.

Vgl. Polixenes' Gesuch I 2, 1 ff. mit dem des Camillo hier 4 ff. Dies ist keine leidenschaftliche Auseinandersetzung, sondern, wie Lear III 5 (S. 55), das Resultat einer solchen in Form einer Rekapitulation, eine Betrachtung, keine Verhandlung. Denselben inaktiven Charakter hat das sich daran anknüpfende Gespräch 28 ff. Vgl. die Bemerkung zu All's I 3 S. 28.

IV, 4.

Der alte Schäfer und sein Sohn „verläugnen" im Blankvers nicht „ihre rohere Natur" (Delius), sondern kehren nur ihr warmes Empfinden hervor, welches durch Musik und Tanz bei den rohesten Naturen geweckt wird. Der „Einfluss der edleren Gestalten", auf welchen Delius den Blankvers zurückführt, ist 161ᵇ—165 überhaupt nicht vorhanden! Vgl. das Pathos der Jäger H 6 C III 1 und der Gärtner R 2 III 4, 29 ff.

168 ff. besteht ein „veredelnder" Einfluss gleichfalls nicht; denn vornehm dürfen Polixenes und Camillo sich ja nicht gerieren. Vgl. 349 „these good men".

Die Meldung des Knechts 181 ff. verdrängt das Pathos. Die Ankunft des Autolycus bringt nicht ein „volkstümliches" (Delius), sondern ein rein komisches Element herein.

V, 2.

Sowohl die Situation als auch das Verhältnis der Herren zum Gegenstande ihrer Unterhaltung schliesst jede leidenschaftliche Wallung völlig aus.

Den Bemerkungen, die Delius zur Erklärung dieser Prosa macht[1], sind Lear III 1, 4 ff., Lear IV 3, 18 ff. und

---

[1] „Der Dichter hat hier entweder in Rücksicht auf die Ökonomie des Dramas, oder um die Wirkung der Schlussscene nicht durch eine

Ant. II 2, 196 ff. entgegenzuhalten. Nicht auf den Bericht, sondern auf den Erstatter, den Empfänger und den Eindruck des Berichtes kommt es an. Vgl. noch All's I 3, 110 ff. und Gentl. I 3, 1 ff.

THE TEMPEST.

I, 1.

Die Erregung der Seeleute geht im Kampf mit den Elementen über das Mass der im geordneten Blankvers zum Ausdruck kommenden Leidenschaft hinaus. Vgl. die Prosa der fast bis zum Wahnsinn gereizten Bürger in Caes. III 2, 153 ff. 29 und 37 ff. wie 1 ff.

Der König und seine Begleiter hingegen bewahren ihre Fassung, ihre Reden (bis 21) werden metrisch zu lesen sein. 10 (mit Dryden): „Good boatswain, have *a* care[1]. Where is thy master?" Alonso antwortet der Bootsmann, wie es scheint, mit gemässigtem Tone im Blankvers („Play . . . below" éin Vers?), Antonio und Gonzalo aber in Prosa (14. 15. 17—19. 41. 42. 45). 22—28 kühle Verachtung, leidenschaftsfreier Sarkasmus.

Sebastian und Antonio reden zu ihm wie Kent zu Oswald Lear II 2 und Ajax zu Thersites Troil. II 1 („dog", „cur"). Gonzalo macht, mehr für sich, 30 ff. und 49 ff. humoristische Bemerkungen, ebenso zum Schluss 68 ff. An dem 54 aufkommenden Pathos[2] nimmt Gonzalo lebhaften Anteil. Dass er in dieser Situation auf Antonios leidenschaftlichen Ton eingeht und auch von dem Bootsmann (61 ff.) im gefühlvollen Blankvers spricht, versteht sich von selbst[3]. Ebenso V 1, 216 ff. 66—67 zweifellos éin Blankvers (in F „with' king" !).

---

vorhergehende ähnlichen Inhalts abzuschwächen, die Versöhnung . . . . nur erzählen lassen. Einem blossen Berichte genügte hier die Prosa."

[1] „have care" kommt sonst nicht vor.

[2] 54 ist schwerlich ein Vers, ebensowenig 63^{b}—65. Wirres Durcheinanderreden in gänzlicher Fassungslosigkeit.

[3] Vgl. Sebastians und Antonios Scherze V 1, 264 ff.

II, 1.

Gonzalo sucht den König erst mit pathetischen Worten in gehobene Stimmung zu versetzen[1], dann mit humoristischen Bemerkungen aufzuheitern (von 49—105 Prosa). Die anderen Herren reden dazwischen in scherzhaftem Ton (mit Ausnahme von 24). Alonzo bleibt im Blankvers, seiner Stimmung entsprechend. 25—26 sind éin Vers. — Nach kurzer Unterbrechung verfallen Sebastian und Antonio wieder in den früheren Witzton; ihre Glossen 139, 140 u. s. w. sind indessen, als scherzhafte Antworten oder Ergänzungen zu Gonzalos Reden[2], metrisch abgefasst, vielleicht mit Ausnahme von 165. 166. — 170 natürlich Blankvers (in Globe Ed. falsch).

II, 2.

Caliban redet durchweg in Jamben, seiner empfindungsvollen Natur entsprechend. Wie dieselben im einzelnen abzuteilen sind, lässt sich hier nicht erörtern. Vgl. Meissner im Shakespeare-Jahrb. V p. 200 f.

V, 1.

216 ff. s. unter I 1. 264 ff. Scherze in gehobener Stimmung. Nur in dem Gespräch mit Stephano 285—88 scheint ein nüchterner Ton angeschlagen zu werden (Prosa).

---

[1] S. ob. die Bemerkung zu As I 2. In jenen drei Scenen beschauliche Ruhe, nüchterne Stimmung, hier kritische Situation, tiefe Erregung.

[2] 145 ist „on it" zu lesen.

DRITTES KAPITEL.

DIE JUGEND- UND ÜBERGANGSDRAMEN

(vor ca. 1598).

Wir wenden uns nun den Dramen der früheren Zeit zu, in welchen der oben geschilderte Prosagebrauch in jener Mannigfaltigkeit und Konsequenz noch nicht anzutreffen ist, und unterscheiden zwischen Jugenddramen und Übergangsdramen. In den ersteren findet sich nur Witzprosa (mit Ausnahme von Rom. III 1, 99 ff., s. u.),[1] in den letzteren auch humoristische und ernsthafte, aber noch nicht die sogenannte pathetische — mit mehr oder weniger Konsequenz — angewendet. Die letzten der Übergangsdramen, Henry IV A und B, weisen (bis auf H 4 A II 2?) völlig konsequente Prosa- und Versverteilung nach dem besprochenen Prinzip auf und unterscheiden sich von den späteren nur dadurch, dass die pathetische Prosa noch fehlt, zu deren Anwendung in diesen Stücken allerdings kaum ein Anlass vorhanden war. Das seltenere Vorkommen von Anlässen zum Prosagebrauch in den älteren Dramen ist eine Sache für sich, die anderswo zu erörtern ist; hier handelt es sich um „Anwendung oder Nichtanwendung von Prosa bei gegebenem Anlass.“ Wir heben im Folgenden diejenigen Scenen und Reden hervor, welche nicht in Prosa abgefasst sind, obgleich eine nüchterne Stimmung vorherrscht.

Anstatt der Prosa erscheint in witzigen Gesprächen oft,

---

[1] Birons Monolog LLL IV 3 ist rein witzig.

in ernsthaften vereinzelt der Doggerelvers.[1] Den ersteren Fall, der für diese Untersuchung keine Bedeutung hat, lassen wir beiseit.

I. TEIL.

JUGENDDRAMEN.

Von den Jugenddramen fassen wir zunächst die Lustspiele ins Auge: The Comedy of Errors, The two Gentlemen of Verona, Love's Labour's Lost und A Midsummer-Night's Dream, dann die Trauerspiele: Titus Andronicus und Romeo and Juliet, endlich Richard III. Die Historien Henry VI A, B und C, in denen die Kritik Spuren einer fremden Hand erkannt hat, werden im vierten Kapitel untersucht.[2]

THE COMEDY OF ERRORS.

III, 1, 19—29.

Hier findet sich ausnahmsweise ein ernsteres Gespräch in Doggerelversen abgefasst. Vgl. Ado I 1, 96 ff., wo derselbe Gegenstand in gleichartiger Situation in pathetischer Prosa besprochen wird. In den späteren Jugenddramen steht in solchen Fällen durchweg der Blankvers oder der reimende Quinar.

IV, 1, 109 ff.

S. Dromios scherzhafter Monolog, die Küchenmagd betreffend, im bl. verse. Dagegen IV 4, 155 ff. in Prosa!

---

[1] Der Doggerelvers kommt sogar in leidenschaftlich bewegten Scenen vor, wo der Blankvers am Platze wäre, z. B. Err. III 1, 30 ff., LLLIV 3, 200 ff. u. Gentl. I 2, 38 ff. Seine Verwendung soll an anderer Stelle eingehend behandelt werden.

[2] Die hierher gehörenden Abweichungen in All's well sind im vorigen Kapitel mit besprochen worden.

IV, 3, 72—77.

S. Dromios Witzworte über die Habsucht der Courtisane, des Teufels in Menschengestalt, im bl. verse.

THE TWO GENTLEMEN OF VERONA.[1]

I, 1.

72—75 Witze im Bl.-V.

156—8 Proteus witzig zu Speed (bl. v.), vgl. Temp. I 1, 30 ff.

I, 2, 1—32.

Diese im Blank- und Reimvers abgefasste Unterhaltung zwischen Julia und ihrer Zofe gleicht im Ton und Inhalt

---

[1] Der schlecht überlieferte Text bietet an verschiedenen Stellen Prosa, wo der Dichter zweifellos Verse geschrieben hat. Zum Teil ist Umwandlung in Verse möglich, so IV 1, 16 f.:

Whíther trável you?
To Veróną.
Whence cáme you?
From Milan.
Have you long sojourned there?

Oder liegen hier Kurzverse vor wie R 2 IV 1, 310 ff.? Vgl. Haml. IV 4, 9 ff. — V. 5 Sír, we áre wie IV 4, 90 wéll, give hér u. o. 23—25 sind natürlich als 2 Reimverse zu lesen.

Mehr Schwierigkeit macht IV 4, 118 ff., während sich Eglamours und Silvias Reden IV 3, 45 ff. leicht metrisch fassen lassen als ein Kurzvers und ein Sechsheber von der Art des Verses II 1, 114, etwa so:

45 I will not fail your ládyship.
46 Good mórrow, géntle lády.
Good mórrow, kínd Sir Églamour.

II 1, 103 und 106 sind als Verse zu lesen, mit 103 vgl. V 4, 82.

Proteus spricht IV 4, 51 und 55 im Scherzton wie I 1, 135 u. ö., vielleicht auch 58, indem er die Ablieferung des Köters an Silvia für einen Scherz hält; Collier MS. hat „this cur", wodurch ein Vers gewonnen würde, in dem Proteus' Entrüstung zum Ausdruck käme. V. 46 ist wohl I will statt I'll zu lesen, wie I 2, 67 Is't in Is it aufzulösen ist.

V 4, 86—90 oder wenigstens 88—90 müssen falsch überliefert sein, denn hier ist eine metrische Fassung unmöglich. 86—87 lassen dem Prosagespräch zwischen Portia und Nerissa Merch. I 2, 36 ff. Derselbe Humor findet sich in den Scenen zwischen Celia und Rosalind in As I 2, I 3 und öfter (vgl. As I 2, 27 mit Gentl. I 2, 2). Beachte, dass V. 32 der Reim aufhört.

II, 7, 49 ff.

Bei den Scherzen, die Lucetta mit der männlichen Bekleidung der Julia treibt, sollte man den Doggerelvers erwarten (55/6!).

LOVE'S LABOUR'S LOST.

II, 1.

114—28 scherzhafte Debatte zwischen Biron und Rosaline, ähnlich Benedick und Beatrice Ado I 1, 119 ff. u. ö. 180 ff. Kurzverse (v. anapäst. Charakter) in derselben Situation. In den Scherzgesprächen, die Boyet mit den Herren und dann mit den Damen führt, kommt der Doggerelvers auf.

Angesichts derartiger Verse muss man die scherzhafte Prosakritik 91 ff. als spätere Zuthat betrachten.

III, 1.

Den metrisch gefassten Auftrag an den Clown 153 f. und 165 ff. vgl. mit Oth. III 1, 25 ff.

175 ff. Dieser Monolog, in welchem der Humorist Biron sich selbst verspottet, hat durchaus nüchternen Gehalt.

---

sich durch Auflösung von what's in what is metrisch lesen, nachher wieder die Worte von „which, out of" an. Auch die nachfolgenden Verse sind nicht in Ordnung. Bekanntlich hat diese Scene in der Überlieferung besonders gelitten; auch der reimlose (!) Abschluss (172/3) rührt sicher nicht von Sh. her. — Durchaus unzutreffend ist Delius' Bemerkung zu dieser Stelle und zu IV, 2: „Julias Verkleidung als Page motiviert die Prosa". Julia spricht auch als boy stets im bl. verse, wenn die Stimmung ernst ist, ebenso wie andere servants, die nicht clownish sind. IV 2, 28 ff. schlägt sie dem Host gegenüber einen witzigen Ton an. 72 ff. und 135 ff. in ernster Stimmung Verse.

175—76 sind zwei Kurzverse: And — love, I — whip. — Vgl. Benedicks Monolog Ado II 3, 228 ff. und Rosalinds Prosa As IV 1, 210 ff.

IV, 1, 11–21.

Die witzigen Bemerkungen der Prinzessin in Anknüpfung an des Försters Ausdruck „the fairest shoot" müssten in Prosa (oder Doggerelversen) abgefasst sein wie die Kritik der Prinzessin dem König gegenüber II 1, 91 ff.

IV, 3.

Birons spöttische Bemerkungen von seinem Versteck aus (wie Benedicks Ado II 3, 60 ff. und 81 ff.) sind nicht durchweg in Prosa oder Doggerelversen, sondern z. T. auch in reimenden Quinaren abgefasst, die nur an Stellen wie 86 und 100, wo das Pathos des Vorredners scherzhaft nachgeahmt wird, am Platze sind. — Die Reden, in denen die verspotteten Herren sich nachher (266 ff.) über Birons Erkorene lustig machen, sind in demselben Ton gehalten wie die des Claudio und Pedro Benedick gegenüber Ado V 1. Beachte, dass bei V. 282 „But what of this? u. s. w.", wo eine ernste Wendung eintritt, der Reim aufhört.

V, 2.

1—11, 30—41, 47–57 (teils bl. v., teils Reimverse). Die Prinzessin und ihre Damen spotten über ihre Liebhaber und deren Geschenke; derselbe Gegenstand und Ton As III 2, 172 ff. (Rosalind).

12—28 scherzhafte Debatte ohne tieferen Gehalt („a set of wit well play'd" 29) zwischen Rosaline und Katharine (Ado III 4, 55 ff. und 73 ff. und Gentl. II 4, 9 ff.). Diese Partie, welche durchaus unmotiviert und störend ist, erscheint auffallender Weise nicht im Reimvers, sondern im Blankvers. Sollte sie interpoliert sein? Wiederholung des Wortkampfs 42—46, hier Reimvers. Auch dieses Zwischengespräch stört den Zusammenhang.

170/1 Boyets witzige Glosse im bl. verse. Die scherzhaften Gespräche der maskierten Herren und Damen gleichen äusserlich denjenigen in Ado II 1, 89 ff.; aber während in Ado die Herren ihren Damen völlig nüchtern gegenüberstehen, wähnt hier ein jeder die Dame seines Herzens vor sich zu haben. — Nach ihrem Abgang neues Spotten der Damen in Kreuzreimversen (266—85).

315 ff. Birons nüchternes Urteil über Boyet erinnert an dasjenige Bassanios über Gratiano Merch. I 1, 113 ff. und sollte wie dieses in Prosa (oder Doggerelvers, cfr. IV 1, 100 ff.) abgefasst sein. Es fehlt die tiefere Bedeutung und der persönliche Anteil, womit z. B. Jaques in As II 7, 36 ff. von den Narren im bl. verse spricht.

379—88 Rosaline und Biron in ähnlicher Auseinandersetzung wie Beatrice und Benedick Ado V 2, 59 ff. und 4, 91 ff.; vgl. nachher 424—30. Der Witz der Damen beherrscht die Stimmung.

In der Rede der Prinzessin 516 ff., welche an Mids. V 1, 212 ff. erinnert, ist der edlere Vers durchaus an seinem Platze: diese Worte dienen dazu, den König umzustimmen, und werden mit Wärme vorgetragen, während Theseus an einen komischen Gegenstand eine beiläufige Betrachtung knüpft, an der sein Herz keinen tieferen Anteil hat. — Anderseits wird die Prinzessin ihre Worte an Mercade 724 ff. füglich in Prosa vorbringen, weil sie hier noch in scherzhafter Stimmung ist; in den Ausgaben sind dieselben trotz des unregelmässigen Baues von 723/4 in Versen gedruckt. 728/9 natürlich éin Vers.[1]

Dieses Stück hat mit Much Ado die Humoristenpaare gemein, aber nicht die reiche Fülle von humoristischen und witzigen Reden, weil hier das Pathos der Liebhaber, dort der Witz der Beatrice vorwiegt.

---

[1] Es sei gestattet, an einer viel umstrittenen Stelle dieser Scene — V. 833 — eine Änderung vorzuschlagen. In dem überlieferten Text richtet Katharine die abgeschmackte Frage „*A wife?*“ an Dumain, welche die Späteren zu retten suchten, indem sie sie D. in den Mund legten. Katharine scheint auf Dumains Frage spöttisch zu antworten: „Soll ich euch einen guten Wunsch mitgeben?“ Dann folgt der Wunsch. Demnach wäre *wife* in *wish* zu ändern.

A MIDSUMMER-NIGHT'S DREAM.

In nüchterner Stimmung befinden sich nur die Handwerker und die Zuschauer bei ihrer Aufführung, und dieser Stimmung ist durchweg in Prosa Ausdruck gegeben, eine Thatsache, die der Abfassungszeit — zu Ende der Jugendperiode (vgl. Brandl p. 51) – entspricht.

Man beachte, dass selbst in der ernsteren Wendung, welche das Gespräch zwischen Theseus und Hippolyta V 1, 212 nimmt, die Prosa (der obwaltenden scherzhaften Stimmung wegen) beibehalten wird. Vgl. oben zu L L L V 2, 516 ff.

Titania und die Elfen sprechen natürlich im Blankvers zu Bottom. III 1, 178—81 ist als éin Vers zu lesen.

Ob Puck III 2, 463 zu Prosa übergeht, ist sehr zweifelhaft; eine derartige Erscheinung findet sich sonst nirgends bei Shakspere. Vielleicht ist folgendermassen zu lesen:

Jack shall have Jill;
Nought shall go ill;
The man shall have his mare again,
And *then* all shall be *still*.

TITUS ANDRONICUS.

II 3, 286 ff. Brief im Blankvers! Vgl. H VI A IV 1, 55.

Nüchtern gestimmt erscheint nur der Clown (IV 3 und IV 4), der seine Witze in Prosa vorbringt. Titus bleibt im Wahnsinn (IV 3) unberührt von der Komik des Clowns und geht nur — ähnlich wie Lear — beim Zurückweichen des leidenschaftlichen Gefühls und stärkeren Hervortreten des wirren Verstandes (106 – 112, lächerliche Anstandsvorschriften) zur Prosa über. 83 (ask 2silbig), 86 und 88 (thou‿not) sind als Verse zu lesen, wahrscheinlich auch 113. — Marcus' Rede 95—97 verlangt nach Inhalt und Situation metrische Fassung, sie muss also folgendermassen abgeteilt werden:

Whý, sir, thát's as fít as can be to serve
For your oration; and let him deliver
The pigeons to the emperor from you.

Vielleicht ist sie beiseit zu sprechen. — Prosa würde an dieser Stelle dem Shakspere'schen Gebrauch schnurstracks zuwiderlaufen.

In Aarons Reden, die durchweg leidenschaftlich, wird der Blankvers auch bei Wortspielen von komischer Wirkung wie IV 2, 62 ff. und 73 ff. beibehalten. V. 62 hat 4 Hebungen (she's), 64 geht von A devil bis dam, 65 ist ein wirkungsvoller Kurzvers.

ROMEO AND JULIET.

I, 2.

67 ff. Das von Romeo verlesene Verzeichnis der zu ladenden Gäste ist unzweifelhaft in Blankversen abgefasst; wozu wären sonst hie und da Epitheta eingeschoben? Q_1 bietet mit der Lesart Rosaline and Livia (die einzige Abweichung von Q_2![1]) sicher das Richtige. Romeo redet überhaupt im bl. v. bis 75. Im Folgenden steht die Komik des Dieners im Vordergrund. Das ganze Gespräch ist rhythmisch und lässt sich leicht in Verse umwandeln, man braucht nur das störende „To supper" zu streichen und in der Rede 83 ff. „asking, sir" und „I pray you" zu lesen; aber hier wie an mancher anderen Stelle im Sh. darf man sich durch die rhythmische Form nicht verleiten lassen, Verse zu konstruieren, wo Stimmung und Situation Prosa verlangen. Vgl. Mcb. II 3 und V 1 S. 56 f.

I, 3.

16 ff. In der langen Rede, welche die Amme zur genauen Bestimmung von Juliets Alter hält, ist der bl. v. (trotz

[1] Vgl. über den Wert von Q_1 in solchen Fällen Mommsens Ausg. S. 174 oben.

der lächerlichen Form) am Platze, weil sie ein wesentlicher Bestandteil der Unterhaltung ist und die Amme an der gehobenen Stimmung participiert, welche die Hauptpersonen erfüllt. Dasselbe gilt für ihre Zwischenreden 67 f., 75 f. und 78. Aber die witzig-frivole Bemerkung v. 95 gehört nicht zur Sache und sollte in Prosa abgefasst sein.[1] Anders wieder 106. Vgl. die Citate S. 4 (Witz).

Der Diener richtet seine Bestellung 100 ff. in Witzprosa aus. Ernsthafte Bestellungen in Prosa begegnen erst im Merch. (III 1, 75).

I, 5.

Der Ansprache Capulets an seine Gäste 18 ff. kommt in der hochdramatischen Situation, in der sie gehalten wird, unstreitig der bl. v. zu.[2] Capulet versammelt seine Gäste ja nicht zu einer Reunion im Eastcheap-Stil! Die komische Färbung thut nichts zur Sache. Vgl. Yorks Reden Rich. 2 II 2 und V 2 und Polonius' Hml. II 1.

II, 1.

Auch Mercutios zweideutige Rede 23 ff. muss im Zusammenhang beurteilt werden. Dies Gespräch mit Benvolio hat einen anderen Charakter als das II 4, 13 ff. Wie I 4, so beherrscht hier die Stimmung des in nächster Nähe vermuteten Freundes[3] die Gemüter, und auf Romeos Empfinden nimmt auch die Rede „This cannot anger him" u. s. w. direkten Bezug. Vgl. III 1, 60 ff. und im Gegensatz dazu ibid. 49 ff. Ganz anders H 5 V 2, 319 ff., wo derselbe frivole Gedanke o h n e tiefere Bezugnahme scherzweis verwertet wird.

---

[1] Der Dichter hat sich mit einer Unterbrechung des Reims begnügt.

[2] Wunderlich fasst Mommsen „Welcome, gentlemen" 18 und 23 als „prosaische Unterbrechungen", s. S. 144 Anm. 3, wo eine Ansicht von „kurzen Prosa- und Versunterbrechungen" entwickelt wird, welche sich mit dem Charakter der gebundenen und ungebundenen Rede schwerlich verträgt. Die Beispiele sind fast sämtlich unsicher.

[3] Romeo weilt thatsächlich im Hintergrund und tritt nach dem Abgang der Freunde mit dem auf 42 reimenden Vers II 2, 1 wieder hervor.

II, 4.

182 f. Ausnahmsweise finden wir hier eine ernste Rede in prosaischer Fassung; die Stelle scheint aber nicht richtig überliefert. Rowe lässt Nurse weg, F druckt „Nur." vor die Rede. Vielleicht ist also vor Nurse ein wie immer lautendes Wort ausgefallen, oder „Nurse!" bildet eine Rede für sich, die von der Amme etwa mit „Sir?" erwidert wird, so dass der Vers lautete:

Rom. Nurse!
Nur. Sir?
Rom. Commend me to thy lady and mistress,

woraus man auch mehrere Verse machen könnte, weil mistress auch dreisilbig auftritt, oder endlich der vorliegende Text ist bis mistress doch richtig und ist wie I 2, 99 und I 4, 95 zu lesen (mit 4 Trochäen). Im folgenden Satze ist wahrscheinlich „do" vor protest ausgefallen, vgl. 189 und III 1, 71. Sollte übrigens nicht hier wieder Q_1 das Richtige bieten mit „tell her I [do] protest —"? Der Zusatz unto thee passt schlecht.

187/8 und 197/8 sind natürlich ebenfalls Verse, 211 ff. dagegen unzweifelhaft Prosa.

II, 5.[1]

Die Verteilung von Vers und Prosa in den Reden der Amme entspricht genau dem Wechsel in ihrer Stimmung. Die Partie 56–59 ist sicher Prosa (von derselben Art wie 38 ff.); damit ist eine teilweise metrische Wiederholung (62 f.) wohl vereinbar (anders König Sh.'s Vers S. 41 Anm.), Prosaworte werden oft in Blankversen citiert. S. ob. S. 8 f.

III, 1.

Die Debatte zwischen Tybalt und Mercutio, ein Gegenstück zu dem Streit zwischen Samson und Abraham I 1, hat zuerst ein komisches Gepräge. Tybalt ist in M.'s Augen ein Laffe (vgl. II 4, 19 ff.), mit dem ein ernstes Wort kaum zu

---

[1] Hier möge eine Conjectur zu v. 22 Platz finden. „Though news be sad" ist schlecht. Though, geschrieben Tho', ist vielleicht aus *Thy* entstellt.

reden ist. M. spricht durchweg in Witzprosa zu ihm, nur 60—62 nicht, wo er für Romeo eine Lanze bricht. Auch 80 ff. denkt er noch nicht an einen ernsten Konflikt; er variiert nur seine Worte 50 ff. Nach seiner Verwundung sollte man zunächst einen leidenschaftlichen Erguss und metrische Rede erwarten, wie auch F1 mit der Lesart „both the" statt „both" bietet. Benvolio und Romeo reden natürlich im Vers zu ihm (95. 98. 109)[1]. Ersterem gegenüber scheint er denselben beizubehalten; aber Romeos Trostworte beantwortet er in Prosa mit humoristischer Verspottung seiner Wunde 99—103. Über die „Katze Tybalt, die ihn zu Tode gekratzt hat" redet er weniger „humoristisch" (Delius) als sarkastisch. Sarkastische Prosa ist in den Jugendstücken sonst nicht zu finden. Sie widerspräche auch dem Grundprinzip jener Periode. In solcher reden erst Hotspur (in H 4 A II 3, 1 ff.), Gower (in H 5 V 1, 73 ff.) und Kent (in Lear II 2, 15 ff.). Ähnlich Menenius Cor. V 2, 108 ff. Bei der Umwandlung in Verse entstehen keine Schwierigkeiten.[2] Die Verse lauten ungefähr folgendermassen:

A plágue o' bóth your hoúses!
Zoúnds, a dóg, a rát, a moúse, a cát,
To scrátch a mán to deáth! A rógue, a brággart,
A víllain, that fíghts bý the bóok of aríthmetic.
Why͡ the dévil came yoú betwéen us? I was húrt
Under your arm.
I thought all for the best.

Mercutio fährt dann in Versen fort; er wird schwächer und bittet um Hülfe. Ob er in dieser Situation noch einmal

---

[1] Mommsen bestreitet nicht nur dies, sondern will (aus metrischen Gründen) sogar 89 ff. als Prosa lesen! Cfr. l. c. Seine Bedenken wiegen übrigens nicht schwer. „Benvolio" kann so gut viersilbig gelesen werden wie „Mercutio" 150, 187 u. ö., vgl. V. 110; out(e)rage zu lesen ist nicht nötig, géntlemén im Versanfang kommt oft vor, z. B. Shrew I 1, 48, 74, vgl. Gentl. II 1, 1, IV 1, 5, IV 4, 90; endlich ist V. 93 kein „katal. Dimeter", denn „I am hurt" gehört noch dazu.

[2] Vgl. V. 61 und 96. Der innige Zusammenhang zwischen Versbau und Stimmung ist bisher nicht gebührend beachtet. Man lese z. B. Cressidas Verse Troil. IV 2, 21, 27 und 35 Pandarus gegenüber.

zu (humoristischer) Prosa übergeht (vgl. Mommsen), ist unsicher (112 = 102?). Der Text ist bekanntlich nicht in Ordnung. Statt des überlieferten „soundly, to your houses" druckt F2 „soundly too your houses" und F4 „soundly too, your houses", wodurch wohl „to", aber nicht „your houses" einen Sinn erhält. Schwerlich soll „your houses —" der „Anfang eines neuen Satzes" sein (Mommsen), Mercutio fällt ja nicht in Ohnmacht! Mercutios Art und der Situation am meisten zu entsprechen scheint mir die Annahme, dass seine letzten Worte einen Fluch enthalten und „to" aus „out o'" entstellt ist; dann hiesse es:

They have máde wórms' meat of mé: I háve't and soúndly.
Out o' your houses!

Oder man behält die alte Versteilung bei und liest:

They have made worms' meat of me:
I have it and soundly too: Out o' your houses!

Vgl. Hotspurs letzte Worte H 4 A V 4, 77 ff. („food for worms").

IV, 1.

Diese Scene, in der Friar Laurence Juliet mit klugem Rat zur Seite steht, erinnert an die Verhandlung zwischen dem als Mönch verkleideten Herzog und Isabella Meas. III 1, 184 ff. (in Prosa); während aber Isabella, ihrer Leidenschaft Herr, mit festem Entschluss im Herzen, völlig ruhig und nüchtern auftritt und den vom Herzog entwickelten Plan zur Rettung ihres Bruders kühl erwägt, gilt es dort, durch vernünftigen Zuspruch einer schwer Bedrängten zu helfen und ihre leidenschaftliche Erregung zu bemeistern. Ähnlich Friar Francis Leonato gegenüber Ado IV 1, 202 ff.

IV, 4.

Zu dieser Scene finde ich bei Sh. kein Seitenstück. Leonatos Anordnungen für das Maskenfest Ado I 2, 1—3 und 25 ff. (in Prosa) gehen nicht aus tieferer Erregung hervor [1] wie bei Capulet. Dasselbe gilt für Heros Vorbereitungen

[1] Sie dienen auch lediglich als Einkleidung für das Gespräch zwischen den Brüdern.

auf ihre Hochzeit III 5 im Gegensatz zu dem Arrangement der Lady Capulet 1 f., dort beschauliche Ruhe und nüchterner Sinn, hier gehobene Stimmung und lebhafte Bewegung. Es lässt sich daher trotz des prosaischen Inhalts[1] nichts gegen die Anwendung des Blankverses einwenden. Durch die Rede der Amme 6 ff. kommt allerdings ein Gegenstand von nebensächlichem Interesse zu scherzhafter Erörterung; aber ausserhalb der Handlung steht die an Capulet gerichtete Aufforderung schlafen zu gehen und sein Widerspruch dagegen doch nicht. Nur in der Antwort des zweiten Dieners 17 f., welche witzig gemeint ist wie die in IV 2, 3 ff., fällt der Blankvers auf, um so mehr, als Capulet auf den Scherz eingeht. Übrigens bietet Q_1 die Partie 6—20 in Prosa (das übrige im Vers).

RICHARD III.

I, 4.

Die clownartigen Mörder sprechen anfangs auch zu Clarence witzig (wie zu Brakenbury), erst 175 fangen sie an, ernsten Gedanken Raum zu geben; trotzdem reden sie von vornherein (167 ff.) metrisch. 169/70 wird ein Blankvers sein, vgl. 85; 177—79 ebenfalls.

Anm. Sonst kommt eine nüchterne Stimmung nirgends auf, was im Hinblick auf die mannigfache Prosa in den späteren Dramen wohl zu beachten ist. Man vergleiche die Kinder des ermordeten Clarence II 2 mit dem witzigen Söhnchen Macduffs Macb. IV 2, die über die traurigen Zeitverhältnisse klagenden Bürger II 3 mit den Soldaten im englischen Lager bei Azincourt H 5 IV 1, 98 ff., die sich resigniert mit ihrer Lage abfinden und über das Thun und Denken ihres Königs Betrachtungen anstellen, den gefühlvollen Kanzlisten III 6 mit dem humoristischen Gefangenwärter Cymb. V 4.

[1] In dieser Beziehung vgl. Polonius' Unterredung mit Reynaldo Hml. II 1.

II. TEIL.

ÜBERGANGSDRAMEN.

An „Richard III" knüpfen wir das bald nachher geschriebene Drama von Richard II an und kommen damit zu den Übergangsdramen, welche wir in folgender Reihenfolge besprechen: Richard II, King John, Henry IV A und B; The Merchant of Venice und The Merry Wives of Windsor.

RICHARD II.

In diesem vollständig im Blankvers abgefassten Stück findet sich keine Situation, welche die Anwendung von Prosa nach dem späteren Prinzip verlangte.[1] Vgl. die Anm. zu Rich. III.

Bezeichnend für die Zeit, aus der es hervorgegangen, ist das Pathos des Gärtners III 4, welches an die Waldhüterscene H 6 C III 1 erinnert.

KING JOHN.

Für dieses Stück gilt dasselbe wie für Rich. II. Überall herrscht eine leidenschaftlich erregte Stimmung vor, auch in dem Monolog des Bastards I 1, 182 ff. (mit der scherzhaften Schilderung des Junkertums), der an Jaques' Ausführungen As II 7, 12—166 gemahnt, und in dessen sarkastischen Bemerkungen gegenüber Austria[2] II 1 und III 1.

---

[1] Zu den Reden des Marschalls und der Herolde I 3 cfr. Lear V 3, 119 ff. und oben die Bemerkung zu H 5 II 2; zu Yorks Reden II 2 und V 2, die zweifellos sämtlich metrisch, die Anm. zu Rom. I 5. Der Wächter V 5, 100 ff. spricht sicher auch im Blankvers, wie Qq Ff drucken. Ein Fehler mag sich allerdings eingeschlichen haben; „who" am Schluss von V. 100 ist zu hart. Vielleicht ist aus der ersten Zeile ein „I" in die zweite geraten und hat dort aus late lately gemacht:

My lord, I dare not, *I*: Sir Pierce of Exton,
Who late came from the king, commands the contrary.

Vgl. Rom. III 1, 58. „late" liest schon Pope.

Indessen kann dare auch zerdehnt werden wie fare John V 7, 35.

[2] Bei denselben fällt der Reim auf. Vielleicht soll auch III 1, 299 reimen und statt „of thine" „of thee" gelesen werden; vgl. R 2 V 1, 44 fall of me (Ff).

Diese Reden sind wieder ein Beleg dafür, dass „realistischer Gehalt" (Delius) durchaus nicht „Prosagebrauch begründet".

HENRY IV A.

II, 2.

111 ff. Der pathetische Ausdruck der Freude über den wohlgelungenen Scherz (in Blankversen) entspricht nicht dem Charakter des Prinzen, wie der Monolog I 2, 219 ff. ihn darstellt. Allerdings ist diese Rede in sämtlichen Qq und Ff als Prosa gedruckt; aber Ausdruck und Form deuten doch entschieden auf metrische Abfassung. „all" 112 hat nur Q_1. — Vgl. den Anfang der Scene, wo in derselben Situation Prosa gebraucht wird.

Die Reden der Reisenden 82—84 und 91/2 lassen sich metrisch lesen:

Come, neighbour: || The boy ....; || We'll ... || O, we're .... ||

II, 3.

Hotspur redet, wie Delius richtig bemerkt, nach dem Auftreten seiner Gemahlin durchweg im Blankvers (oder in anderen Metren), wie man die Verse im Einzelnen auch arrangieren mag,[1] und diese Form steht im besten Einklang mit dem thatkräftigen Gefühl und der gehobenen Stimmung, die ihn erfüllt. Zu Anfang der Scene dagegen finden wir ihn in Betrachtungen über die Verächtlichkeit des zaghaften Verbündeten versunken; diesem nüchternen Seelenzustand entspricht nur die Prosa. Delius sucht diese als „Abweichung von der Regel" (!) bezeichnete Erscheinung durch die „schmucklose Derbheit der Sprache" oder durch „den Brief, den H. kommentiert," zu erklären; aber Hotspurs Sprache ist in den Versen durchaus nicht weniger derb (vgl. z. B. 93 ff. und III 1, 156 ff.), und warum H. einen Brief nicht im Blank-

[1] Mit 76 ff. vgl. LLL II 1, 186 ff. und 201 ff. V. 39 wird auch Vers und nicht mehr Prosa sein; within auch z. B. H 6 B III 1, 327.

vers kommentieren kann, ist nicht einzusehen. Vgl. All's III 2, 78 ff. und Mcb. I 5.[1]

II, 4.

Mit Recht hat Pope die als Prosa überlieferten Reden des Sheriffs in Verse umgewandelt; Prosa würde der Verhandlung ein falsches Gepräge geben. Auch 573/4 sind wohl als Verse gemeint, als solche jedenfalls wirksamer (vgl. B III 1, 33); 560 (as fat as butter) natürlich prosaische Zwischenbemerkung.

III, 1.

Der Prosa- und Versgebrauch bei Hotspur entspricht wieder genau seiner Anschauungsweise; ist diese rein witzig, so finden wir Prosa: 18—20, 229—57[2]; verbindet sie sich mit tieferem Gefühl, so tritt Blankvers ein, der darum auch 11 f.[3], 22 f. und 68 f. am Platze ist. Glendowers Rede 198—200 ist in der Globe Ed. fälschlich als Prosa gedruckt. Vgl. Rom. IV 2, 14.

III, 3.

Schwerlich ist die Rede des Prinzen 218—24 mit Pope und Globe Ed. als Prosa zu lesen. Eine nüchterne Stimmung wie Lear I 5, 1 ff. waltet hier nicht ob. Mit dem Ruf „Bardolph" geht der Prinz in eine andere Tonart über, und ein kräftiges Gefühl kommt zum Ausdruck. Metrische Bedenken

---

[1] Nicht nachdrücklich genug kann man Delius' irreführenden Ausdruck „der jemandem gemässe Blankvers", „die jemandem gemässe Prosa" verwerfen. Der Ausdruck „gemäss" passt wohl auf den Stil, aber nur in ganz bestimmten Fällen (Clowns und dgl.) auf die Anwendung. Hotspurs Prosa III 1 ist D. übrigens entgangen.

[2] Die spöttische Bemerkung beim Gesang der Lady Mortimer (233 ff.) ist zweifellos in Prosa abgefasst wie 229 ff., wo Pope mit richtigem Gefühl die überlieferten Verse als Prosa liest, ebenso 236 ff. In Hotspurs Rede 252 ff. vertieft sich das Gefühl erst 258; bis dahin ist Prosa zu lesen.

[3] Das Arrangement ist schwierig. Ich schlage von V. 8 ab folgendes vor: For by that name || As oft as Lancaster doth speak of you || His cheek — sigh || He wisheth — hell || As oft as — Glendower || Spoke of I cannot — nativity ||. In V. 72 ist vor „The archdeacon" vielleicht *Mark* (in „Mort." verdruckt und fortgelassen) zu lesen.

können um so weniger bestehen, als der überlieferte Text von Fehlern wimmelt.[1]

IV, 2.

Anderseits ist Z. 83 dieser Scene sicher Prosa, weil in derselben Situation der Prinz (But, sirrah, make haste u. s. w.) in Prosa redet. Der Ton soll bis zuletzt scherzhaft sein.

Bis auf jene unter II 2 citierten Verse ist also der Prosagebrauch in diesem Stück gesetzmässig. In den Worten, die der Prinz in der Siegesstimmung an Falstaff richtet, V 4, 137—62, ist der bl. v. ebenso am Platze wie in seiner Rede an Fluellen in H 5 IV 8, 124 ff. (S. 17). Auch in der vorhergehenden Scene Z. 57 redet er mit tiefem Gefühl zu Falstaff im Blankvers. Falstaff bedient sich ausschliesslich der Prosa (oder des Doggerelverses), auch V 1, 28 in seiner Glosse zu der Verhandlung zwischen Worcester und dem König, an deren leidenschaftlichen Erregung er natürlich nicht partizipiert. Er spielt da den Clown.

HENRY IV B.

In diesem Stück findet sich keine Abweichung von der Regel.

Ernsthafte[2] (verstandesmässige) Prosa redet der Oberrichter I 2 und II 1. Delius sagt zu I 2: „Der Oberrichter hält Falstaff einer Behandlung im Blankvers nicht wert". Ist denn der Oberrichter skrupulöser als der Prinz, der zu verschiedenen Malen im Bl. V. zu F. spricht? Und würde der Oberrichter nicht im Blankvers viel wirksamer seine

[1] Das störende yet 222 ist vielleicht aus einem undeutlichen „exit" entstanden; es könnte am Versende gestanden haben, wenn „för thou" den Vers beginnt. Die nächsten Verse würden lauten:

Ere dinner- time*. Jáck, meet mé to-mórrow

In͡ the temple-hall at two o'clock i'th' afternoon.

* wie II 2, 115. Vgl. übrigens yet V 3, 44 (Qq, nicht Ff.)

[2] Nahe an pathetische Prosa streift Prinz Heinrichs Rede an Poins II 2, 40 ff.

Überlegenheit zum Ausdruck bringen? Aber auf seine Meinung von F. kommt es gar nicht an, nur auf sein inneres Verhältnis zu dem Gegenstand der Verhandlung, und dieses ist durchaus kühl, wie denn das tiefere Gefühl überhaupt nicht durch eine Angelegenheit dieser Art berührt werden kann. Dasselbe gilt für II 1, 78—209. Vgl. Meas. III 2, 201 ff. und H 5 IV 8. Ganz anders II 1, 70 ff., wo Falstaff als Offizier zur Verantwortung gezogen wird. Ebenso IV 3, 29 ff. (Lancaster) und A V 3, 57 (Prinz).

Falstaff redet ein paar Mal im Blankvers: II 1, 189[1], sich an der Unterredung zwischen Gower und dem Oberrichter beteiligend, V 5, 43 und 50, seinen königlichen „Herzensjungen" pathetisch begrüssend, und wohl auch IV 3, 87—89, wo er die in Z. 50 scherzhaft ausgesprochene Bitte im Ernst wiederholt (Delius anders). In dieser Scene geht Lancaster mit der Frage: „Is thý name Cóleviĺe?" zum Blankvers über, 67—69 also 2 Verse.

Die in den Prosascenen II 1 und II 4 eingeschobenen Versunterredungen zwischen Gower und dem Oberrichter und zwischen Peto und dem Prinzen sind nicht, wie Delius sagt, „zur Hervorhebung des Abstandes, der sie von dem Übrigen trennt", metrisch abgefasst, sondern lediglich weil sie den Krieg betreffen, also pathetischen Charakter haben.

THE MERCHANT OF VENICE.

An verschiedenen Stellen zeigt sich noch die weitgehende Versverwendung der Jugenddramen.[2]

I, 1.

46 ff. Salarino geht zu einem leichteren, humoristischen Ton über. Der Vers fällt um so mehr auf, als in I 2 in

[1] Vielleicht ist schon 183 als Vers gemeint und das erste „my lord" zu streichen.

[2] Doggerelverse statt Prosa I 2, 146 f. (wie H 4 B IV 3, 88 f. gereimt).

genau entsprechender Situation Prosa erscheint. Vgl. Beatricens Prosa in Ado II 1, 303 ff., Celias in As I 3, 1 ff. u. a.

Auch 105 ff. ist der Versgebrauch bei den scherzhaften Äusserungen, die im Anschluss an Gratianos Rede gemacht werden, befremdlich. Vgl. Bassanios Prosa 114 ff.

Übrigens ist Bassanios Bemerkung,[1] wenn sie auch scherzhaft gemeint ist (vgl. II 2, 191: „parts that become thee happily enough"), schlecht mit dem Ernst der glossierten Rede, die an Jaques' Worte As II 7 erinnert, in Einklang zu bringen. Vielleicht rührt dieses störende Zwischengespräch nicht von Sh. her (s. Fussnote).

II, 2.

178 ff. Vergleiche diese Verse (Auftrag an Leonardo) mit der Prosa 121 ff. (Auftrag an den Diener), die Worte an Launcelot, den Clown, 153—64, mit Lear I 4, 23 ff., wo Lear den verkleideten Kent engagiert. — Ernsthafte Dienerprosa findet sich auch I 2, 135 ff. und III 1, 77.

Merkwürdig ist der Übergang zur Prosa 187, der Shaksperes Art nicht entspricht. In den folgenden Reden fallen die überzähligen Monosyllaba am Versausgang auf: 197, 198 und 208. Auch die wörtliche Übereinstimmung von 186 mit 153 ist anstössig.

II, 8.

Die Unterhaltung der Freunde über Shylocks Raserei und Antonios Güte sollte man in Prosa erwarten, besonders III 1, 1 ff. gegenüber. Vgl. S. 5, 3. Übrigens stimmt der leichtfertige Ton, der an der letzteren Stelle angeschlagen wird, übel zu den Äusserungen II 8, 25 ff.

III, 4.

45 ff. Den metrisch gefassten Auftrag an Balthasar vgl. mit Lears Prosa I 4, 1 ff.

---

[1] Bis jetzt unerklärt ist das überlieferte It vor Antonios Frage 112, welches die Herausgeber ohne weiteres fortlassen. Sollte ein Tilgungszeichen (†) darin stecken? Beachte die sinnlose Lesart „two" R 2 II, 2, 103, wo Q_1 „no posts", Q 2—4 „two posts", Q_5 Ff nur „posts" haben.

III, 5.

88 ff. In diesen scherzhaften Schlussworten ist der Blankvers nicht am Platze. Vgl. oben zu I 1, 105 ff. Nur bei grobwitzigen Bemerkungen, wie III 2, 216 ff., finden sich kurze Prosapartien eingeschoben, aber noch nicht bei Äusserungen des feineren Humors.

IV, 2.

Nerissas und Portias Asides müssten in Prosa abgefasst sein, vgl. u. a. Ado II 1, 379 ff.

V, 1.

300 ff. Für diese Partie gilt das unter III 5 Gesagte. Vgl. den Schluss von Ado.

In Shylocks Reden findet sich nichts Auffälliges. Als Jude erscheint er lächerlich, als Wucherer fürchterlich. Antonios Freunden sowie Tubal gegenüber tritt sein Gefühl zurück und seine jüdische Eigenart hervor; demgemäss redet er I 3, 1—40 und III 1, 27 ff. in Prosa. In Anwesenheit Antonios lodert sein leidenschaftlicher Hass und Rachedurst auf und weicht die nüchterne Prosasprache dem pathetischen Blankvers. Auch in seinen Worten an Launcelot und Jessica II 5 ist der Blankvers durchaus am Platze, weil sie eine tiefe Erregung ausdrücken und frei von Komik sind. — Eine verschiedenartige Beurteilung hat die Rede III 1, 55 ff. erfahren. ten Brink sagt darüber (Shakspere, S. 122): „Wenn Shylock so spricht, tritt er uns menschlich nahe, wir fühlen für und mit ihm". Träfe ten Brinks Auffassung das Richtige, so würde Shakspere hier Verse, nicht Prosa geschrieben haben; aber ten Brink geht in seiner Sympathie für Sh. sicher zu weit. Er nennt Shylocks Gestalt „grandios", sein Schicksal „tragisch". Er sieht in ihm mehr den geknechteten Juden, den man bemitleiden, als den herzlosen Wucherer, den man verachten muss, und obwohl er zugiebt, dass Antonios „Judenhass" (?) nicht das stärkste Motiv für

Shylock ist, gesteht er doch „allen anderen Motiven in diesem Zusammenhang eine gewisse Berechtigung“ zu. Aber Antonio hasst nicht den Juden, sondern den Wucherer, das geht aus I 3, 108 ff., besonders 114, klar hervor, und Shylocks Rache richtet sich gegen den Kaufmann, der ihn schädigt, nicht gegen den Menschen, der ihn mit Füssen tritt.[1] Vgl. noch III 1, 132 und III 3, 21 ff. Es ist mithin eine Unwahrheit, wenn er III 1, 60 Antonios Feindseligkeiten mit den Worten: „I am a Jew“ begründet. Er nimmt zu der Lüge seine Zuflucht, er spielt den gekränkten Juden, weil er den Wucherer nicht verteidigen kann. Diese Rede stellt sich also keineswegs als Ausdruck tiefer Empfindung dar, welcher uns ergreifen soll, sondern als ein rein verstandesmässiges Raisonnement, welches durch die Niedrigkeit des Grundgedankens abstossend, durch die Situation, in der es vorgetragen, lächerlich, in jedem Falle aber ungemein ernüchternd wirkt und nur in Prosa gedacht werden kann. — Allerdings fällt derartige Prosa in einem Stück, das mit seinem weitgehenden Versgebrauch der Jugendperiode nahe steht, sehr auf, und es ist wohl möglich, dass diese Rede mitsamt dem vorhergehenden Gespräch der Freunde 1 ff. (s. ob.) aus einer älteren Bearbeitung stammt.

THE MERRY WIVES OF WINDSOR.

In den beiden letzten Akten finden sich Unregelmässigkeiten.

1. IV, 4. Wenn die Ehrbarkeit der lustigen Weiber so über allen Zweifel erhaben, ihr Verhältnis zu Falstaff so rein lächerlich ist, dass in keiner ihrer bisherigen Verhandlungen über diesen Gegenstand und selbst nicht in Fords Monologen (II 1, 241 ff., III 2, 30 ff.) tiefere Erregung (und Blankvers) er-

[1] Ebenso Brandl: „Die Spitze des Dramas trifft den Wucherer“ (S. 113).

scheint, so sollte man auch in IV 4, 13 ff.[1] Prosa erwarten. Delius findet die Anwendung des Verses in der Bezugnahme auf die „wunderbare“ Sage von Herne motiviert, wodurch „die Intrigue sich in eine höhere poetische Sphäre erhebe“. Er übersieht, dass Frau Page sich über diese Sage selbst lustig macht (36—38). Die Stimmung ist hier so scherzhaft wie bisher. Man lasse sich durch den Blankvers nicht blenden!

2. Angesichts der Prosa, die Frau Page in ihrer Heiratsangelegenheit mit Caius sonst durchweg anwendet,[2] fällt der metrische Monolog IV 4, 84 ff. auf. Die pathetische Form ist nicht gerechtfertigt.

3. Der Schluss wie im Merch. Vgl. Anm. dazu oben. Von 255 ab wäre Prosa am Platze.

---

[1] Beachte, dass Page nicht nur 3/4, sondern auch 18—20 noch in Prosa spricht. Wenn Delius Recht hätte, so sollte der Vers bei 13 aufhören und erst 28 wieder beginnen.

[2] Wie Page V 5, 230, so spricht doch wohl Frau Page 232 in Prosa. Vgl. 226.

VIERTES KAPITEL.

UNECHTE FASSUNGEN IN ECHTEN STÜCKEN.

Unechte, d. h. dem Shakspere'schen Vers- und Prosagebrauch widersprechende Fassungen finden sich in allen Stücken, in welchen sich der Einfluss eines fremden Dichters oder Redakteurs durch anderartige Erscheinungen längst verraten hat, in Henry VI A, B und C, in The Taming of the Shrew, Timon of Athens und Henry VIII, ferner in Cymbeline und Lear.[1]

Der fremde Einfluss macht sich teils in einem wirren Durcheinander von Prosa und Vers, teils in der Anwendung der Prosa an — mehr oder weniger — pathetischen, des Blankverses an pathosfreien Stellen bemerkbar. Die erste dieser Erscheinungen findet sich, wie wir festgestellt haben, nirgends bei Shakspere, die zweite ist in den älteren Dramen, die letzte in den späteren unerhört.

Anm. Die zweite könnte natürlich auf späterer Revision durch den Dichter beruhen, wenn eine solche nachzuweisen wäre.

HENRY VI A.

I, 3.

74 ff. Diese mit Pathos vorgetragene Proklamation, welche einen Fortschritt enthält, müsste, wie R 2 I 3, 42 ff.,

[1] Zweifelhaft ist Wint. II 1, 8—15 (s. S. 70) und Verschiedenes in All's (s. S. 27 ff.). Vielleicht gehören auch einige bei dem weitgehenden Versgebrauch auffallende Prosafassungen im Merchant hierher. S. ob.

im Blankvers abgefasst sein. Es handelt sich ja nicht um ein Gesetz, sondern um die Verhaltungsmassregel in einem besonderen Fall und zwar in bewegter Scene. Vgl. Wint. III 2, 9 f.

III, 3.

Die Diener sprechen 89 ff. und 146 ff. ohne Grund bald in Prosa, bald im Vers.

V, 4.

Sh. hätte den Schäfer wahrscheinlich in Witzprosa reden lassen. Fehlerhafte Clown-Ausdrücke wie „an please you" und „obstacle" für obstinate finden sich im Shakspere'schen Blankvers nicht. Man vergleiche die Sprache der Amme in Rom. I 3 u. ö.

HENRY VI B.

I, 3.

Die Prosa, die Suffolk und die Königin sprechen, ist nicht motiviert. Die Schlussrede des Königs (223 ff.) scheint metrisch zu sein [1]; indessen vgl. den Prosagebrauch bei Marlowe Tamb. A V 1, 194 f.[2]

---

[1] Aber schwerlich ist die Auseinanderreissung von „the day" und „of combat" richtig. Mit oder ohne „and" (prison 1silbig) kann der erste Vers bis combat gelesen werden.

[2] Es ist fraglich, ob der Text richtig überliefert ist. Peter hat (7 f.) Suffolk für Gloucester gehalten, an ihn wendet sich Suffolk V. 11 (Blankvers?), mithin hat Peter, nicht der „1. Bittsteller", Z. 13 das Wort. Dyce nimmt an, dass der „1. Bittsteller" den Irrtum begeht und sich vordrängt; aber dieser hat 1 ff. gerade für ordnungsmässiges Vorgehen gestimmt, was auch immer der Sinn von „in the quill" (corrump. aus *full*? Vgl. Troil. IV 5, 272) sein mag, er scheint überdies, nach Z. 2 zu urteilen, den Protektor zu kennen. — Sicher ist, dass von den Bittschriften zunächst keine abgegeben ist, das geht aus der Situation und aus den Worten der Königin „Let me see them etc." hervor; folglich ist „*To* my Lord Protector" (mit Rowe und Späteren) in „*For* etc." zu ändern. Sowohl diese wie Suffolks nächste Rede lässt sich metrisch lesen. Die Worte der Königin 31 f. sind inhaltlich tadellos

I, 4.

16/7. Die Herzogin begrüsst in tiefer Erregung die Exorcisten, trotzdem Prosa![1]

II, 1.

In der Simpcox-Scene fällt der Blankvers des clownartigen Ehepaars (vgl. die Prosareden des Peter, des Horner u. a. I 3) und die Prosa in Gloucesters Reden[2] 125 ff. auf.

II, 4.

Die Rede des Herolds 70/1 wäre, falls Prosa vorläge, so zu beurteilen wie diejenige des Beamten in H VI A I 3, 74 ff. Indessen ist die metrische Fassung unbedenklich, majesty 2silbig wie R 3 I 3, 19 u. o. Der Dichter mag „highness“ (so in „Contention“) aus euphonischen Gründen vermieden haben (3 h im Anlaut).

IV 2, 7, 8.

In der Fassung von Cades Reden herrscht grosse Inkonsequenz. Man vergleiche IV 2, 136 ff. und 192 ff.[3] mit IV 8, 20 ff., ferner IV 2, 164 ff. mit 143 ff., und halte seine Asides dagegen: IV 2, 163 Vers trotz komischer Färbung, IV 8, 57 ff. Prosa bei tieferer Empfindung!

(„what say'st thou?“ ist nicht wörtlich zu nehmen), aber metrisch anstössig durch ein schroffes Enjambement:

What say'st thou? Did the Duke of York say *he*
Was rightful heir to the crown?

Oder soll „York“ 2silbig gelesen werden? Auch die Rede 36–39 fügt sich dem jambischen Rhythmus schwer. Die Voranstellung von presently würde Erleichterung schaffen: Who is there? Take this fellow in and presently || Send . . . . pursuivant.

[1] Vielleicht ist eine Begrüssung von ungefähr folgender Form ausgelassen:

Bolingbroke etc. Hail to your majesty!
Duch. Well said, my masters;
And welcome all. To this gear the sooner the better.

[2] Wörtlich so in „Contention“.

[3] In V. 195 ist überdies „shoon“ verdächtig. S. ob. zu H 6 A V, 4.

IV, 4.

Sinnlos ist der Prosagebrauch in Buckinghams Frage an den König 7 f.[1]

IV, 5.

Ebenso unmotiviert ist die Prosa in der Rede des Bürgers 2 ff., welche von Cade handelt.[2]

IV, 7 und 8.

S. unt. IV 2.

Man beachte, dass alle anstössigen Partien (mit Ausnahme von II 4, 70 f.) sich auf Cade oder auf die komischen Figuren beziehen.

HENRY VI C.

Hier fehlt es an Material. Es kommt nur in Betracht:

IV, 3.

1 ff. Shakspere hätte den komischen Charakter dieser Soldaten vielleicht schärfer ausgeprägt und sie in Witzprosa reden lassen. Auffallend ist besonders der Ausdruck „the king *is* set him down" V. 2. In dem ernsteren Teil des Gesprächs darf allerdings der Blankvers trotz der Nüchternheit des Inhalts und Tons nicht befremden, weil das Stück der Jugendperiode Shaksperes angehört, in welcher solche Prosa wie Cor. II 2, 1—40 noch nicht vorkommt.

[1] In „Contention" spricht der König anfangs einige Worte über die Rebellen, die in unserm Texte fehlen. Die Streichung dieser Partie mag die Einschiebung von „rebels'" veranlasst haben. Oder ist „letter" zu lesen?

[2] Wörtlich so in „Contention". Vgl. II 1, 125 ff. ob. Die wörtliche Übereinstimmung mit „Contention" in Partien mit zweifellos unechten Fassungen lässt sich schwerlich anders erklären als durch die Annahme, dass „Contention" älter ist als „Henry VI B" und nicht von Shakspere verfasst, vielmehr von ihm nur überarbeitet ist, wobei er die oben hervorgehobenen Scenen zum Teil (IV 5 völlig!) unverändert liess und auch die Fassungen beibehielt, wenn sie seinem Gefühl nicht allzu sehr (wie II 4, 70, II 2, 10 ff., II 3, 1 ff. u. a.) widersprachen.

THE TAMING OF THE SHREW.[1]

I, 1.

102–105. Katharina in leidenschaftlicher Erregung, trotzdem Prosa.

110—50. Dieses Gespräch, welches in der Form und Ausdrucksweise lebhaft an die Slender-Scenen in The Merry Wives erinnert, ist in diesem Stück, in welchem Verhandlungen ernsten Charakters regelmässig im Blankvers geführt werden (Ausnahmen s. u.), einzig in seiner Art. Vgl. I 2, 163 ff., ferner II 1, 39 ff. und 76 ff.

250—53. Lucentio geht ohne Grund zu Prosa über.

I, 2.

20–22. Hortensio begrüsst seine Freunde in Prosa. Der Doggerelvers findet sich in dieser und in der ersten Scene ähnlich verwendet wie in Shaksperes Jugendstücken (s. ob.). 222 ff. scheinen auch Doggerelverse zu sein.

II, 1.

39—41. Verse oder Prosa? Vgl. I 2, 20 ff.

76 ff. In Gremios Rede ist die Prosa ebensowenig am Platze (cfr. 54 ff.) wie in Baptistas Antwort und in der Begrüssung Tranios 86 ff.

IV, 3.

Z. 105 und 130 geht der Schneider, der keineswegs scherzt, plötzlich zu Prosa, 163 f. Grumio in seinem Scherz zu Versen über, die keine Doggerelverse sind! Allerdings ist V. 163 so holprig, dass die Vermutung nahe liegt, Grumios Rede 163–165 sei Prosa.

V, 1.

15—41, 46—112, 134—44. Lebhafte Verhandlungen, zum Teil leidenschaftliche Erregung, trotzdem Prosa!

---

[1] Wenn Sh. diesen Gegenstand zweimal bearbeitet hat, in der Jugendzeit und zu Anfang der zweiten Periode, wie u. a. ten Brink vermutet, so wäre ein Teil der hier hervorgehobenen Prosapartien so zu beurteilen wie die Prosa in *The Merry Wives*.

V, 2.

16 ff. Die metrische Fassung (in bl. v.) dieser witzigen, gehaltlosen Reden deutet auf ein jugendliches — wenn überhaupt Shakspere'sches — Produkt.

TIMON OF ATHENS.

I, 2.

86 ff. Timon spricht aus der Tiefe des Herzens zu seinen Freunden, und der Lord fingiert warmes Empfinden. In prosaischer Fassung sinken diese Reden zu Höflichkeitsphrasen herab. Erst 115 kommt der Blankvers auf.

Mit 86—90 vgl. I 1, 284 ff.

Auch in den Bestellungen der Diener 121 ff. und 192 ff. ist der Prosagebrauch nicht gerechtfertigt, weil die Handlung dadurch gefördert und das Gefühl angeregt wird. Vgl. III 1, 1ff. Inkonsequent ist auch die Anwendung der Prosa in den Reden des Apemantus und Timon 244 ff., welche in derselben Erregung gesprochen werden wie 236 ff. Vgl. unten zu IV 3.

II, 2.

196 ff. Die prosaische Fassung ist schwerlich echt. Timon ist allerdings seiner Sache gewiss und teilt nicht die Unruhe, in der Flavius sich befindet; aber die in den Versen 190 ff. ausgedrückte lebhafte Empfindung steht auch hier im Vordergrund (wie in den nachfolgenden Versen 205 ff.), und die Handlung schreitet fort. Ein Fall wie Lear I 5, 1 ff. liegt nicht vor. Bei Dienern ohne Rücksicht auf die Situation Prosa anzuwenden (cfr. zu I, 2 oben) ist nicht Shaksperes Art. Beachte die Verse 231 ff., wo Timon einen anderen Diener zu Ventidius schickt.

III, 1.

Auch in Lucullus' Anrede an Flaminius 6 ff. ist die Prosa nicht am Platze, ebensowenig in seinem Aside 4 ff. und in Flaminius' Botschaft 16 ff.

III, 2.

Das Gefühl, das Lucius den Fremden gegenüber für Timon an den Tag legen soll, kommt in Prosa nicht zum wirksamen Ausdruck (vgl. die Verse 68 f.); vollends sollte er zu Servilius in dem pathetischen Blankvers reden, der nur 42 ff. vorübergehend erscheint.

III, 3.

Dasselbe gilt von Sempronius' Reden, welche in Prosa überliefert sind (Globe Ed. u. a. machen holprige Verse daraus).

III, 4.

Die Diener der Lords und der Gläubiger haben bei aller Gutmütigkeit doch nicht einen derartigen Anteil an Timons Geschick, dass in ihrer von tieferer Erregung völlig freien Unterhaltung der Blankvers am Platze wäre. Anders das Gespräch der Fremden III 2, 71 ff. — Umgekehrt sollte man 33 ff. in der Verhandlung mit Flaminius (vgl. III 1, 1) und 66 ff. bei Servilius' Auftreten den Vers erwarten.

III, 6.

27 ff. Prosa, wo tiefes Gefühl zum Ausdruck kommen soll, wie I 2, 86 ff.

IV, 3.

In Timons Unterredung mit Apemantus fällt der Übergang zur Prosa auf (Z. 292); eine ruhigere verstandesmässige Erörterung beginnt erst 318. Vgl. zu I 2.

V, 1.

In Timons Asides 32 und 39 ist die Prosa ebensowenig gerechtfertigt wie der Übergang zum Vers (Reimvers!) in der nüchtern gehaltenen Unterredung zwischen dem Dichter und dem Maler 43 ff.

HENRY VIII.[1]

In diesem Stück fällt vor allem eine Reihe von orientierenden Unterredungen zwischen zwei Gentlemen auf, welche,

[1] Speddings Resultate (Transactions 1874, 1 ff.) stimmen mit den meinigen fast durchweg überein.

wie u. a. Lear I 1, 1 ff., IV 7, 85 ff., Wint. V 2 und All's IV 3, ohne persönlichen Anteil, in nüchterner Stimmung geführt werden, aber nicht, wie jene Scenen bei Shakspere, in Prosa, sondern im Blankvers abgefasst sind. Es sind folgende:

II 1, 1—54,
II 1, 139 ff. (vgl. All's IV 3, 12 ff.),
IV 1, 1—36,[1]
IV 1, 95 ff.

Völlig nüchtern sind auch die Gespräche I 3 zwischen den Herren vom Hofe über die von jungen Engländern eingeschleppte französische Mode und über Wolseys Freigebigkeit und I 4, 1—34 zwischen den Gästen des Kardinals.

Ferner sind folgende Stellen verdächtig:

II 6, 36 ff. Mit den frivolen Äusserungen der alten Lady vergleiche man die ähnlichen der Emilia Oth. IV 3, 71 ff.

V 1, 173 ff. Auch in dieser Rede der alten Lady ist kein Pathos enthalten.

V 4, 12—27. Die komisch gefärbte Unterredung zwischen dem Pförtner und seinem Gehülfen wird plötzlich im Blankvers fortgeführt.

91 ff. liegt wohl Prosa vor.

CYMBELINE.

I, 1, 1—69.

Es ist unmöglich, dass der Dichter, welcher ganz gleichartige Gespräche, wie Wint. V 2 und Ant. II 6, 85 ff., in Prosa abgefasst hat, der sogar in so ernster Situation wie in Cymbeline selbst I 4, 154 ff. die Prosasprache beibehält, in dieser Scene den Blankvers angewendet hat. Vgl. ob. H. VIII.

---

[1] In der pathetischen Schilderung 62 ff. ist der Blankvers am Platze wie in Ant. II 2, 196 ff.

Die durchaus in dem italianisierenden Stil der „pathetischen Prosa" gehaltene Sprache lässt vermuten, dass dieses Gespräch ursprünglich in Prosa abgefasst und später in Verse umgewandelt sei. Wieviel gerade diese Partie der Kritik zu schaffen gemacht hat, ist bekannt.[1] Über die Sprache Näheres im II. Teil.

KING LEAR.

IV, 3, 13—57.

Der Charakter dieser Situation ist derselbe wie in Meas. IV 2, 132 ff. Kent ist verkleidet und scheinbar nicht persönlich beteiligt, die Unterredung mit dem „Gentleman" daher nüchtern und die Redeform 1—12 mit Recht prosaisch, wie IV 7, 85 ff. Das Verhältnis ändert sich von 13 ab nicht: so sollte sich auch die Redeform nicht ändern. Der „Gentleman" sollte seinen Bericht von Cordelias Schmerz in „pathetischer Prosa" vorbringen wie der „Third Gentleman" seine Erzählung von Perditas Seelenkampf Wint. V 2, 89 ff.[2] Da nun eine Reihe von Wörtern, die hier gebraucht werden, z. B. trilled down 14, rebel-like 16, pantingly 28, elbows 44, sonst nicht bei Sh. vorkommen, und die Darstellung, besonders 13—34, ungewöhnlich bombastisch und umständlich ist, so liegt die Vermutung nahe, dass die ganze Partie bis zum Schluss (vgl. 50 mit 1!) von Sh. in „italianisierender" Prosa abgefasst und von einem Unbekannten in Verse umgedichtet ist. Aus diesem Grunde mögen die F-Herausgeber sich entschlossen haben, die ganze Scene zu streichen.

Von derselben Hand rühren vielleicht die ebenfalls in den Ff gestrichenen Verse

---

[1] Man beachte noch die steifen Schlussworte: here comes the gentleman, || The queen, and princess, die schon früher Anstoss erregt haben. Wahrscheinlich stand im Original: „here comes the gentleman, and the queen and princess with him".

[2] Beachte „your" letters" 11. Kent will sicher nicht als der Verfasser des Briefes an Cord. gelten. III 2, 37 ist nur von einem „report" die Rede.

III, 1, 7 ff. und 30 ff.

her. Da Lears Kampf mit den Elementen uns in III 2 vor Augen geführt wird, ist eine voraufgehende Detailschilderung desselben doch ziemlich abgeschmackt. — Von 15 ab ist die Stimmung so nüchtern wie in IV 3. 19—21 vgl. mit III 3, 8 f.! 43 ff. vgl. mit Meas. IV 2, 204 ff. Es ist auffallend, dass der „Gentleman" trotz 46 ff. noch in IV 3 über Kent im Unklaren ist. Die gemeinschaftliche Suche nach Lear (53 f.) ist nach 50 und 34 ff. auch nicht recht verständlich. — Vielleicht rührt die ganze Scene in dieser Form nicht von unserm Dichter her.

Kolibri 360 GmbH
Ferdinand-Jühlke-Straße 7
99095 Erfurt, Deutschland
produktsicherheit@kolibri360.de